图解
女装制板与缝纫
（视频版）

张灵霞　主编

李英琳　副主编

U0194847

化学工业出版社

·北京·

内 容 简 介

本书介绍了服装制板基础知识、服装缝纫基础知识以及各类女装的制板与缝制工艺，包括裙子、裤子、衬衫、西服、大衣、旗袍的款式特征、成品尺寸、制图过程、放份排料、缝制工艺及步骤详解。

本书在传统女装制板的基础上结合了流行款式，注重服装基础知识学习和基本技能的训练，书中所有的服装款式都与市场接轨，在服装制板和缝纫制作过程中配有大量图片和视频讲解。读者通过扫描书中二维码，即可观看学习典型服装的制图方法和缝制工艺过程。

本书可作为中高等学校服装专业教材，也可作为服装企业技术人员培训用书，并可为服装DIY爱好者提供一定参考和指导。

图书在版编目（CIP）数据

图解女装制板与缝纫：视频版 / 张灵霞主编. —

北京：化学工业出版社，2022.6

ISBN 978-7-122-41044-3

Ⅰ．①图… Ⅱ．①张… Ⅲ．①女服 – 服装量裁 – 图解
②女服 – 服装缝制 – 图解 Ⅳ．①TS941.717-64

中国版本图书馆 CIP 数据核字（2022）第 048829 号

| 责任编辑：张 彦 | 文字编辑：邓 金 师明远 |
| 责任校对：宋 玮 | 装帧设计：水长流文化 |

出版发行　化学工业出版社（北京市东城区青年湖南街 13 号　邮政编码 100011）
印　　装　天津图文方嘉印刷有限公司
787mm×1092mm　1/16　印张 10¼　字数 209 千字　2022 年 7 月北京第 1 版第 1 次印刷

购书咨询：010-64518888　　　　　　　　　　　售后服务：010-64518899
网　　址：http://www.cip.com.cn
凡购买本书，如有缺损质量问题，本社销售中心负责调换。

定　　价：79.00 元

▶ 前言

我国是拥有几千年历史的文明古国，各民族都有着灿烂的服饰文化。服装制板是实践性很强的学科，需要读者具备良好的创新能力。服装制板及缝纫不仅需要掌握基础专业理论知识和前沿流行时尚信息，更需要设计创新与实践能力，以适应服装创新产业的发展、服装生产企业技术升级和对应用型服装设计人才的需求。

经济发展及人们生活水平的提高形成了对时尚产品的个性化需求，使服装产业规模日趋庞大。但是以往的服装教学主要内容是理论方面的，对实践技能注重不够。近年来，随着新型服装材料和数字化技术的迅速发展，为服装设计提供了无限的想象力和创新思路。因此，以培养应用创新能力的服装人才为目标，积极渗透时尚和科技融合的理念，可使学习者掌握先进的技术和工艺，从而培养出高素质的服装专业人才。

服装制板与缝纫工艺是服装专业的核心内容，《图解女装制板与缝纫（视频版）》是编者十多年教学经验的总结。本书的编写遵循以下原则：

一、内容全面。《图解女装制板与缝纫（视频版）》涵盖了女装中的各个大类，裙子、裤子、衬衫、西服、大衣、旗袍，适合不同层次的专业学习。

二、讲解详细。本书针对每一个女装类别选择了有代表性的款式进行制板，每个制板步骤都有说明，在图片中标注了详细的尺寸，并带有视频讲解。对缝纫过程的每一步骤都详细说明了操作方法，并附有完整的图片展示以及操作视频演示。

三、方式创新。本书采用了文字、图片与视频相结合的方式，将制板过程和缝纫工艺做了全面、具体的讲解，读者可以随时观看缝制过程的视频。通过视频和图文相结合的方式，使读者身临其境，犹如现场教学。

本书由张灵霞主编，李英琳副主编，李丹月参加了部分内容的编写工作。本书旨在使读者扎实学习掌握服装制板和缝纫的基础知识，并能够举一反三，真正做到理论与实践相结合。由于作者水平所限，疏漏之处在所难免，敬请有关专家和广大读者提出宝贵意见，以便及时修正。

编　者
2022年5月

▶ 目录

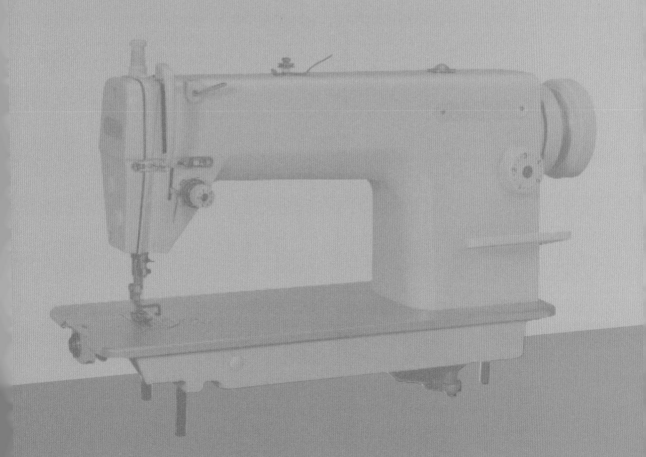

第一章

服装
基础知识

服装制板是把人体的立体结构转化为平面结构进行制图，在这一工程中要考虑人体的体型特征、运动机能、运动范围和面料的特性，运用数据推理、公式计算等方法来绘制符合人体需求的结构图。因此，在制图之前要充分学习服装制图的基础知识，只有掌握了这些知识才能从根本上理解服装结构制图的原理，从而设计出能够美化人体的服装。

第一节　服装制板基础

在学习服装制板之前，先要学习服装各部位的名称，从而理解书中结构图及文字说明，掌握服装结构制图。

一、服装制板各部位名称

服装制板各部位名称见图1-1～图1-5。

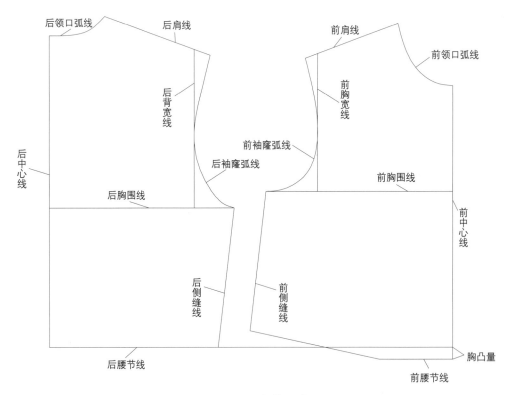

图1-1　原型部位尺寸

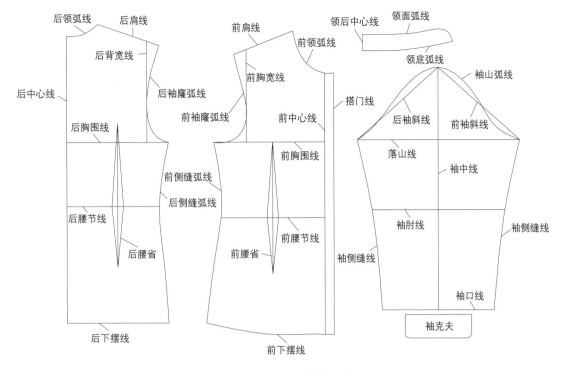

图1-2 **女衬衫部位尺寸**

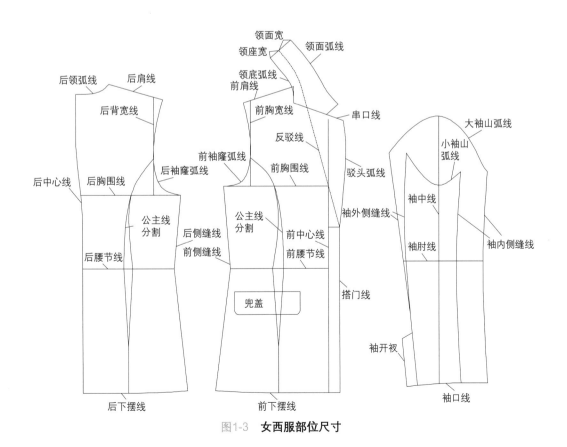

图1-3 **女西服部位尺寸**

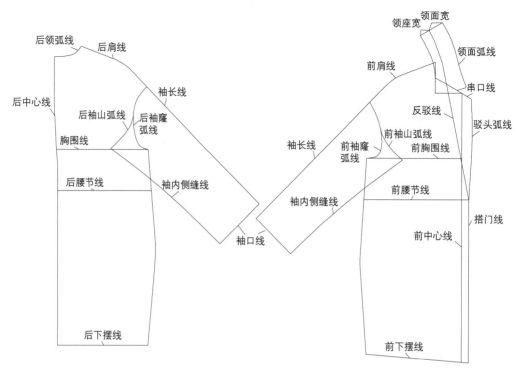

图1-4　大衣部位尺寸

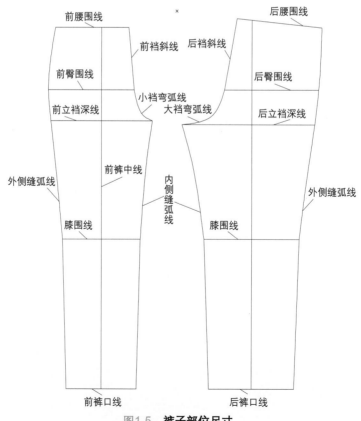

图1-5　裤子部位尺寸

二、服装部位制板名称及代号

服装部位制板名称及代号见表1-1。

表1-1　服装部位制板名称及代号

序号	中文	英文	缩写代号
1	长度	body length	L
2	肩宽	should width	S
3	胸围	bust girth	B
4	腰围	waist girth	W
5	臀围	hip girth	H
6	领围	neck girth	N
7	领座	stand collar	SC
8	领高	collar rib	CR
9	领宽	neck width	NW
10	领围线	neck line	NL
11	胸围线	bust line	BL
12	上胸围线	chest bust line	CBL
13	下胸围线	under bust line	UBL
14	腰围线	waist line	WL
15	臀围线	hip line	HL
16	中臀围线	middle hip line	MHL
17	袖肘线	elbow line	EL
18	横裆线	crotch line	CL
19	膝围线	knee line	KL
20	前中心线	front central line	FC
21	后中心线	back central line	BC
22	颈前点	front neck point	FNP
23	颈椎（后）点	back neck point	BNP
24	颈侧点	side neck point	SNP
25	肩端点	shoulder point	SP
26	胸高点	bust point	BP
27	前胸宽	front bust width	FBW
28	后背宽	back bust width	BBW
29	前衣长	front length	FL
30	后衣长	back length	BL
31	前腰节长	front waist length	FWL
32	后腰节长	back waist length	BWL

序号	中文	英文	缩写代号
33	袖长	sleeve length	SL
34	袖窿弧长	arm hole	AH
35	袖窿深	arm hole line	AHL
36	袖肥	biceps circumference	BC
37	袖口	cuff width	CW
38	袖山	arm top	AT
39	裤长	trousers length	TL
40	裙长	shirt length	SL
41	股下长	inside length	IL
42	前裆弧长	front rise	FR
43	后裆弧长	back rise	BR
44	脚口	slacks bottom	SB
45	头围	head size	HS

三、服装结构制图符号

服装结构制图符号见表1-2。

表1-2　绘图、裁剪、缝纫符号表

序号	名称	符号	用途
1	粗实线	——————————	服装或零部件的轮廓线、裁剪线
2	细实线	——————————	服装制图的基础线、辅助线、标示线
3	虚线	------------------	表示叠压在下层的轮廓线
4	点画线	—·—·—·—·—·—	表示连折或对折
5	双点画线	—··—··—··—	表示折转，如翻驳领的翻折线
6	等分线	⌒⌒⌒	表示该段距离平均等分
7	等长符号	〇〇 ╪╪	表示两条线段的长度相等
8	等分符号	▲ ■ ● □ ○	表示尺寸相同的部位
9	距离线	→∣← ∣← →∣	表示部位起始点之间的距离
10	经纱向	←——————→	表示材料的经向，箭头两端与面料经向平行
11	毛向号	——————→	表示方向的符号，如印花或毛绒材料裁剪时必须保持相同方向
12	斜纱向	⤬	表示面料斜裁，与直纱向保持45°
13	直角	⌐	表示相交的两条线呈90°直角

续表

序号	名称		符号	用途
14	拼合符号			表示两部分在裁剪时需拼合在一起成一个整体
15	归拢			表示某部位需用高温定形将其尺寸归拢缩小
16	拔开			表示某部位需用高温定形将其尺寸拉伸放大
17	剪切符号			表示由此处剪开
18	重叠符号			表示双轨线共处的地方为纸样重叠部分，需再次分离复制样板
19	省略符号			表示尺寸很长，裁剪中省略裁片的某一部位
20	缩缝符号			表示某部分缝合时均匀收缩
21	橡筋符号			表示某一部分需加入橡皮筋缝合
22	拉链符号			表示此处需绱拉链
23	纽扣符号			表示纽扣的位置
24	扣眼符号			表示扣眼的位置及方向
25	省道符号	枣核省		省的作用是让服装变得更加合体。根据设计者的造型要求，省的形状也是多变的
		锥形省		
		宝塔省		
26	活褶符号	左、右单褶		褶比省在功能和形式上更加灵活，褶更富有表现力。注意活褶斜线符号的方向，打褶的方向总是从斜线的上方倒向下方，画斜线的宽度表示褶的宽度
		明褶、暗褶		
27	开省			表示此部位省道需要剪开
28	钻眼号			表示衣片部位标记
29	刀眼符号			表示衣片部位对位标记
30	净样号			表示样板没放缝缝，是净板
31	毛样号			表示样板已放缝缝，是毛板
32	明线号			表示缝纫需要缉明线的部位
33	对格符号			表示格纹面料要求裁片及缝合时格纹要对齐，符号的纵横线应对应布纹
34	对条符号			表示条纹面料要求裁片及缝合时条纹要对齐，符号的纵横线应对应布纹
35	对花符号			表示花纹面料要求裁片及缝合时花纹要对齐

第二节　服装测量

一、服装测量方法

服装测量部位及方法见图1-6～图1-10、表1-3～表1-7。

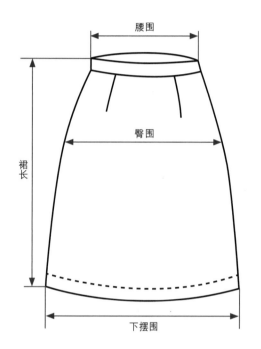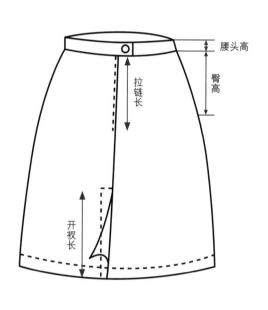

图1-6　**裙子测量方法示意图**

表1-3　**裙装测量部位及方法**

序号	部位	测量方法
1	腰围	扣上扣子和拉链，沿腰头上口横量
2	臀围	沿臀高点，水平下摆方向横量
3	下摆围	沿裙下摆处，水平横量
4	腰头高	直量腰头的高度
5	臀高	腰头辅料下方直量至臀围线处
6	裙长	由腰头上口垂直测量到下摆的长度
7	拉链长	直量拉链的起点到终点
8	开衩长	直量开衩的起点到终点

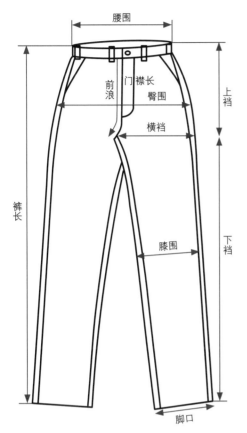
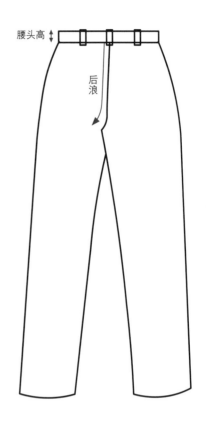

图1-7 **裤子测量方法示意图**

表1-4 **裤装测量部位及方法**

序号	部位	测量方法
1	腰围	扣上扣子和拉链，沿腰头上口横量
2	臀围	底裆点向上8cm左右横量，前后分别测量
3	膝围	中裆处，水平横量
4	脚口	裤脚管摊平横量
5	腰头高	直量腰头的高度
6	裤长	由腰头上口沿侧缝摊平垂直测量至脚口
7	前后裆（浪）	前腰中缝弧量到裆底缝为前浪，后腰中缝弧量到裆底缝为后浪
8	门襟长	前腰口底处至门襟底边缝线的垂直距离
9	横裆	大腿根部水平横量
10	上裆	由腰节线到横裆线长度
11	下裆	由横裆线到脚口长度

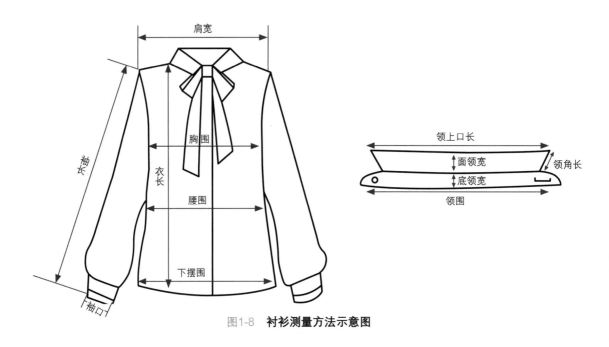

图1-8 **衬衫测量方法示意图**

表1-5 **衬衫测量部位及方法**

序号	部位	测量方法
1	肩宽	左肩缝至右肩缝之间的横量距离
2	胸围	扣好纽扣，袖窿深向下2.5cm处，水平横量
3	腰围	腰节线处，一般情况为腰的最细处横量
4	下摆围	衣服铺平，下摆侧缝至侧缝之间的距离，水平横量
5	衣长	肩部最高点垂直量至底边
6	袖长	肩端点到袖头边的直线距离
7	袖口	沿袖口边横量
8	领围	领子摊平横量，从扣眼前段到扣子中心的距离
9	领上口长	沿领面上口线从左到右横量
10	面领宽	沿领面中心线直量
11	底领宽	沿领底中心线直量
12	领角长	沿领角线斜量

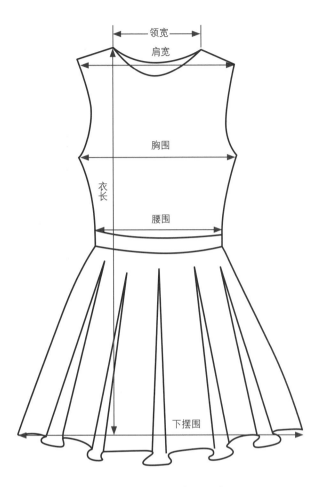

图1-9　连衣裙测量方法示意图

表1-6　连衣裙测量部位及方法

序号	部位	测量方法
1	肩宽	左肩缝至右肩缝之间的横量距离
2	领宽	领口两边端点之间的水平距离
3	胸围	袖窿深向下2.5cm处，水平横量
4	腰围	腰节线处，上衣与下裙腰部接缝处水平横量
5	下摆围	将裙子下摆展开，沿下摆处，水平横量
6	衣长	领侧最高点垂直量至裙底边

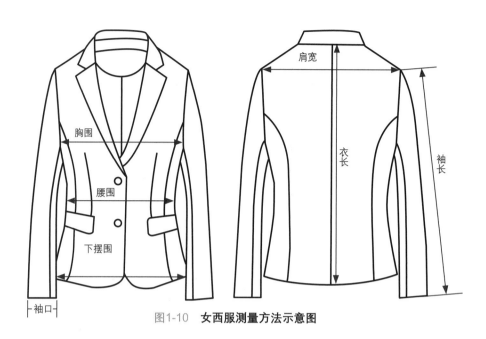

图1-10　**女西服测量方法示意图**

表1-7　**女西服测量部位及方法**

序号	部位	测量方法
1	肩宽	左肩缝至右肩缝之间的横量距离
2	胸围	扣好纽扣，袖窿深向下2.5cm处，水平横量
3	腰围	腰节线处，一般情况为腰的最细处横量
4	下摆围	衣服铺平，下摆侧缝至侧缝之间的距离，水平横量
5	衣长	领侧肩部最高点垂直量至底边
6	袖长	肩端点到袖口边的直线距离
7	袖口	沿袖口边横量

二、服装号型与规格

　　服装规格尺寸，除了有量体裁衣外，还有国家标准的服装号型规格。标准号型规格是通过测量我国各种体态特征人群而得来的具有代表性和准确性的统一规格号型。它是服装工业化、规模化、标准化生产的理论依据，同时也为消费者选购服装尺码，提供了可靠的科学依据。

　　我国第一部国家统一号型标准是在1981年制定的。经过几十年的运用，体现出它的不足，在总结经验的基础上进行了多次更为标准化的修订。国家质量监督检验检疫总局重新颁布了最新的GB/T 1335.1—2008《服装号型—男子》、GB/T 1335.2—2008《服装号型—女子》及GB/T 1335.3—2009《服装号型—儿童》并于2009年8月1日及2010年1月1日起正式实施。它改变了过去我国服装规格和标准尺寸只注重成衣号型而不注重人体尺寸的弊端。号型分为成年男体、成年女体和童体三大类。

（一）号型定义

1. 号

"号"指人体的身高，以厘米（cm）为单位表示，是设计和选购服装长短的依据。它控制着长度方向的各种数值，如颈椎点高、坐姿颈椎点高、腰围高、全臂长等，它们会随着"号"的变化而变化。

2. 型

"型"指人体上体胸围或下体腰围，以厘米为单位表示，是设计和选购服装肥瘦的依据。它控制着围度方向的各种数值，如臀围、颈围、肩宽等，它们会随着"型"的变化而变化。

3. 号型表示方法

上装160/84A、下装160/68A。其中"160"就为"号"，"84"和"68"就为"型"。此处提到的"A"为"标准体"的代码，后面将会给大家详细介绍人体体型的分类。

4. 号型应用

165/88A适合身高153～167cm、胸围86～89cm、胸腰差值14～18cm之间的人穿着。

（二）人体体型的分类

为了更标准地区分体型，服装号型还以人体的胸围和胸腰差值为依据进行区分，将人体划分为Y号型、A号型、B号型、C号型四大体型。

我国人体女子体型分类见表1-8。

表1-8　**我国人体女子体型分类**

体型分类代码	女子胸腰差值	体态类型
Y号型	19～24cm	偏瘦体
A号型	14～18cm	标准体
B号型	9～13cm	偏胖体
C号型	4～8cm	肥胖体

（三）号型系列

1. 5·4系列

按身高5cm跳档，胸围或腰围按4cm跳档。

2. 5·2系列

按身高5cm跳档，腰围按2cm跳档。5·2系列，一般只适用于下装。

3. 档差

跳档数值又称为档差。以中间体为中心，向两边按照档差依次递增或递减，从而形成不同的号和型，号与型进行合理的组合与搭配形成不同的号型，号型标准给出了可以采用的号型系列（见表1-9～表1-14）。

表1-9　**女子服装号型系列分档数值（一）**　　　　　　　　单位：cm

体型	Y号型								A号型							
	中间体		5·4系列		5·2系列		身高、胸围、腰围每增减1cm		中间体		5·4系列		5·2系列		身高、胸围、腰围每增减1cm	
部件	计算数	采用数	计算数	采用数	计算数	采用数	计算数	采用数	计算数	采用数	计算数	采用数	计算数	采用数	计算数	采用数
身高	160	160	5	5	5	5	1	1	160	160	5	5	5	5	1	1
颈椎点高	136.2	136.0	4.46	4.00			0.89	0.80	136.0	136.0	4.53	4.00			0.91	0.80
坐姿颈椎点高	62.6	62.5	1.66	2.00			0.33	0.40	62.6	62.5	1.65	2.00			0.33	0.40
全臂长	50.4	50.5	1.66	1.50			0.33	0.30	50.4	50.5	1.70	1.50			0.34	0.30
腰围高	98.2	98.0	3.34	3.00	3.34	3.00	0.67	0.60	98.1	98.0	3.37	3.00	3.37	3.00	0.68	0.60
胸围	84	84	4	4			1	1	84	84	4	4			1	1
颈围	33.4	33.4	0.73	0.80			0.18	0.20	33.7	33.6	0.78	0.80			0.20	0.20
总肩宽	39.9	40.0	0.70	1.00			0.18	0.25	39.9	39.4	0.64	1.00			0.16	0.25
腰围	63.6	64.0	4	4	2	2	1	1	68.2	68.0	4	4	2	2	1	1
臀围	89.2	90.0	3.12	3.60	1.56	1.80	0.78	0.90	90.9	90.0	3.18	3.60	1.60	1.80	0.80	0.90

表1-10　**女子服装号型系列分档数值（二）**　　　　　　　　单位：cm

体型	B号型								C号型							
	中间体		5·4系列		5·2系列		身高、胸围、腰围每增减1cm		中间体		5·4系列		5·2系列		身高、胸围、腰围每增减1cm	
部件	计算数	采用数	计算数	采用数	计算数	采用数	计算数	采用数	计算数	采用数	计算数	采用数	计算数	采用数	计算数	采用数
身高	160	160	5	5	5	5	1	1	160	160	5	5	5	5	1	1

续表

体型	B号型								C号型							
颈椎点高	136.3	136.5	4.57	4.00			0.92	0.80	136.5	136.5	4.48	4.00			0.90	0.80
坐姿颈椎点高	63.2	63.0	1.81	2.00			0.36	0.40	62.7	62.5	1.80	2.00			0.35	0.40
全臂长	50.5	50.5	1.68	1.50			0.34	0.30	50.5	50.5	1.60	1.50			0.32	0.30
腰围高	98.0	98.0	3.34	3.00	3.30	3.00	0.67	0.60	98.2	98.0	3.27	3.00	2.37	3.00	0.65	0.60
胸围	88	88	4	4			1	1	88	88	4	4			1	1
颈围	34.7	34.6	0.81	0.80			0.20	0.20	34.9	34.8	0.75	0.80			0.19	0.20
总肩宽	40.3	39.8	0.69	1.00			0.17	0.25	40.5	39.2	0.69	1.00			0.17	0.25
腰围	76.6	78.0	4	4	2	2	1	1	81.9	82.0	4	4	2	2	1	1
臀围	94.8	96.0	3.27	3.20	1.64	1.60	0.82	0.80	96.0	96.0	3.33	3.20	1.66	1.60	0.83	0.80

表1-11　5·4　5·2女子Y号型系列腰围　　　　　　　　单位：cm

腰围	身高													
	145		150		155		160		165		170		175	
72	50	52	50	52	50	52	50	52						
76	54	56	54	56	54	56	54	56	54	56				
80	58	60	58	60	58	60	58	60	58	60	58	60		
84	62	64	62	64	62	64	62	64	62	64	62	64	62	64
88	66	68	66	68	66	68	66	68	66	68	66	68	66	68
92			70	72	70	72	70	72	70	72	70	72	70	72
96			74	76	74	76	74	76	74	76	74	76	74	76

表1-12　5·4　5·2女子A号型系列腰围　　　　　　　　单位：cm

腰围	身高																				
	145			150			155			160			165			170			175		
72				54	56	58	54	56	58	54	56	58									
76	58	60	62	58	60	62	58	60	62	58	60	62	58	60	62						
80	62	64	66	62	64	66	62	64	66	62	64	66	62	64	66	62	64	66			
84	66	68	70	66	68	70	66	68	70	66	68	70	66	68	70	66	68	70	66	68	70
88	70	72	74	70	72	74	70	72	74	70	72	74	70	72	74	70	72	74	70	72	74
92				74	76	78	74	76	78	74	76	78	74	76	78	74	76	78	74	76	78
96				78	80	82	78	80	82	78	80	82	78	80	82	78	80	82	78	80	82

表1-13　5·4　5·2 女子B号型系列腰围　　　　　单位：cm

腰围	身高													
	145		150		155		160		165		170		175	
68			56	58	56	58	56	58						
72	60	62	60	62	60	62	60	62	60	62				
76	64	66	64	66	64	66	64	66	64	66				
80	68	70	68	70	68	70	68	70	68	70	68	70		
84	72	74	72	74	72	74	72	74	72	74	72	74	72	74
88	76	78	76	78	76	78	76	78	76	78	76	78	76	78
92	80	82	80	82	80	82	80	82	80	82	80	82	80	82
96			84	86	84	86	84	86	84	86	84	86	84	86
100					88	90	88	90	88	90	88	90	88	90
104							92	94	92	94	92	94	92	94

表1-14　5·4　5·2 女子C号型系列腰围　　　　　单位：cm

腰围	身高													
	145		150		155		160		165		170		175	
68	60	62	60	62	60	62								
72	64	66	64	66	64	66	64	66						
76	68	70	68	70	68	70	68	70						
80	72	74	72	74	72	74	72	74	72	74				
84	76	78	76	78	76	78	76	78	76	78	76	78		
88	80	82	80	82	80	82	80	82	80	82	80	82		
92	84	86	84	86	84	86	84	86	84	86	84	86	84	86
96			88	90	88	90	88	90	88	90	88	90	88	90
100			92	94	92	94	92	94	92	94	92	94	92	94
104					96	98	96	98	96	98	96	98	96	98
108							100	102	100	102	100	102	100	102

第三节　服装常用面料

服装以面料制作而成，即用来制作服装的主体材料，也可称为"织物"。作为服装的三要素（款式、色彩、面料）之一，面料可以诠释服装的外观风格和服用特性，而且对服装的色彩、造型的表现效果起着主要作用。日常使用中的服装面料种类繁多，各类织物除了按其组成成分、加工方法、后整理方式等分类外，还常常因其特殊的外观风格及质感而命名，本节将主要介绍不同种类面料的品种、风格特征及用途。

一、棉纤维面料及主要服用性能特点

棉织物是以棉纤维（图1-11）为原材料的织物，又称棉布。棉织物以优良的天然性能、穿着舒适、物美价廉而成为广大消费者所喜爱的服装面料之一。棉织物因其加工方法、组织结构及后整理方法的不同，其品种齐全、风格各异，为服装加工提供了丰富的织物品种，棉纤维面料见图1-12。主要的服用性能特点如下：

① 棉纤维纤维细而短，制成的棉织物手感柔软、光泽柔和、富有自然美感。

② 吸湿性、透气性好，穿着柔软舒适，保暖性好。

③ 弹性差，易皱，起折皱后不易恢复，保形性、尺寸稳定性差。

④ 有天然转曲，纤维易于饱和，可纺性好。

⑤ 有较高的强度，湿强比干强要高。

⑥ 染色性好，色泽鲜艳，色谱齐全。

⑦ 耐水洗，不易虫蛀，易霉变。

⑧ 耐碱性强，耐酸性较差，耐热性较好。

图1-11　**棉纤维**

图1-12　**棉纤维面料**

二、麻纤维面料及主要服用性能特点

麻织物是由麻纤维（图1-13）纺纱织造加工而成的织物，比较常见的麻织物有苎麻织物和亚麻织物面料见图1-14，品种相对其他天然纤维略少，但因有其独特的粗犷风格和干爽透湿性能，使得穿着起来凉爽、舒适，具有休闲、自然等特点，其价格又介于棉布与丝

绸之间，深受各阶层消费者所喜爱，是夏季最理想的服装常用面料。麻织物的品种常见的有纯麻织物、混纺麻织物及麻交织物。主要的服用性能特点如下：

① 天然纤维中麻织物的强度最高，坚牢耐用。

② 麻织物的吸湿性好，干爽舒适，透气性好。

③ 麻织物具有较好的防水、耐腐蚀性，不易霉烂且不易虫蛀。

④ 本白或漂白麻布，光泽自然柔和，染色性好，具有独特的色调及外观风格。

⑤ 麻织物比棉织物硬挺。

⑥ 各种麻织物均有较好的耐碱性，热酸易破坏。

⑦ 麻织物的缺点是易折皱，有褪色和缩水现象。

图1-13　**麻纤维**　　　　图1-14　**麻纤维面料**

三、毛纤维面料及主要服用性能特点

毛织物在天然纤维中以中高档著称，又被称为呢绒面料，其中以羊毛为主要原料，毛纤维见图1-15，毛纤维纱线见图1-16。按照生产工艺的不同，毛织物主要分为精纺毛织物和粗纺毛织物两种。

精纺毛织物又称为精纺呢绒或精梳呢绒，由精梳毛纱织制而成。采用的毛纤维品质较高、纤维细，经过精梳工艺后，毛织物表面光洁、纹理清晰、手感柔软、富有弹性、平整挺括，具有耐穿及不容易变形的特点。适合做春夏秋高档衣料、西服面料，以及各种场合的礼服面料。

粗纺毛织物由粗梳毛纱织制而成，又称粗纺呢绒或粗梳呢绒，毛纱表面毛羽多，纱支也较粗。粗纺毛织物一般经过缩绒和起毛处理，手感柔软且厚实，身骨挺实，保暖性好，质地紧密，呢面丰满，表面有绒毛覆盖，不露或半露底纹，适宜做秋冬季外衣。

毛纤维面料（图1-17）主要的服用性能特点如下：

① 纯毛织物光泽柔和自然，手感柔软富有弹性，属于高档或中高档服装用料。

② 毛织物具有较好的弹性和抗皱性，保形性好。

③ 羊毛不易导热，保温性能好，并且吸湿性很好，染色性能优良。

④ 毛织物耐酸不耐碱。

⑤ 毛织物不耐高温。

⑥ 毛织物的燃烧性能同丝织物，具有烧毛臭味。

⑦ 毛织物的耐光性和防虫蛀性较差。

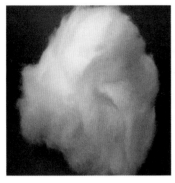
图1-15 **毛纤维**

图1-16 **毛纤维纱线**

图1-17 **毛纤维面料**

四、丝纤维面料及主要服用性能特点

丝织物属于服装中的高档服装用料，主要由天然纤维中的桑蚕丝、柞蚕丝以及各种人造丝、合成丝纤维织造而成，蚕丝纤维见图1-18，蚕丝面料见图1-19。丝织物高贵、华丽、细腻，光泽好，穿着舒适，品种丰富，种类齐全，因其优良的服用性能而得到广泛的应用。中国是最早利用蚕丝的国家，中国的丝绸更是享誉世界。在服装设计中既可以单独设计使用，又可以和其他品种面料搭配进行设计，能够制成风格多样的服装。主要的服用性能特点如下：

① 具有较好的强度、弹性及伸长性，但抗皱性能差，易起皱。

② 具有很好的吸湿性，柞蚕丝吸湿性好于桑蚕丝，吸湿速度快，含水量可达10%~20%。

③ 具有柔软舒适的触觉感，光泽好，染色性能佳，可染成各种鲜艳的色彩。

④ 丝织物对酸较稳定，但不耐碱。

⑤ 丝织物燃烧性能同羊毛，发出烧毛味。

⑥ 丝织物的耐光性很差，注意防晒，以免泛黄。

⑦ 蚕丝织物抗霉菌性好于棉、呢绒和黏胶纤维织物。

⑧ 摩擦面料可产生丝鸣。

图1-18 **蚕丝纤维**

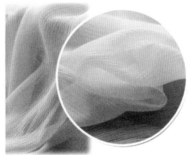
图1-19 **蚕丝面料**

五、黏胶纤维面料及主要服用性能特点

黏胶纤维（图1-20）是再生纤维素纤维，以其优良的吸湿透气、柔软舒适等性能在服装中得到广泛应用，悬垂性较其他纤维好很多，特别是近年来世界各国开发出了具有良好性能的新型环保型天丝纤维以后，再生纤维素织物已成为世界流行的热门衣料之一。再生纤维素纤维织物主要以黏胶纤维织物为主，还有醋酯纤维织物、富强纤维织物、铜氨纤维织物等。黏胶纤维面料见图1-21。

黏胶纤维是由棉絮、木材、芦苇等天然纤维经化学加工而成，其主要成分是纤维素纤维，具有良好的服用性能，具有优良的吸湿性而优于其他化纤面料，是人造纤维中用量最大的一种，主要的服用性能特点如下：

① 具有较好的吸湿性、透气性，手感柔软，穿着舒适，其性能类似棉织物，且有着丝织物的效应。

② 染色性能好，色泽鲜艳，色谱全。

③ 光泽好，长丝织成的织物有近似丝织品的光泽。

④ 抗弯强度小，弹性及弹性回复率差，织物不挺括，尺寸稳定性差。

⑤ 在湿态下强力下降50%左右，遇水后手感变硬，因此在洗涤时不宜用力揉搓。

⑥ 织物的缩水率较大，在裁剪时应先进行洗涤。

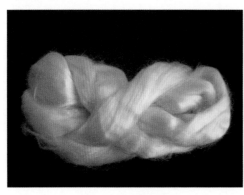

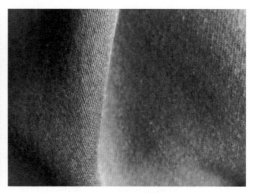

图1-20　**黏胶纤维**　　　　　　图1-21　**黏胶纤维面料**

六、涤纶纤维面料及主要服用性能特点

涤纶织物是日常生活中应用最多的一种服用化学纤维织物，涤纶纤维织物花色品种多、数量大，居合成纤维产品之首。涤纶织物也正在向合成纤维天然化的方向发展，纯纺和混纺的仿丝、仿毛、仿麻、仿棉、仿鹿皮的织物进入市场并深受欢迎（图1-22、图1-23），虽然风格各异，但在服用性能上有其共同点。主要的服用性能特点如下：

① 涤纶织物具有较高的强度与弹性回复能力。因此，具有良好的耐穿性和耐磨性，不易起皱，保形性好。

② 涤纶织物吸湿性较差，穿着有闷热感，易带静电和沾灰尘，洗后极易干燥，不变

形，有良好的洗可穿性能。

③ 涤纶织物的耐热性和热稳定性在合成纤维织物中是最好的，具有热塑性，可制作百褶裙，褶裥持久。

④ 涤纶织物的抗熔性较差，遇着烟灰、火星等容易形成孔洞。

⑤ 涤纶织物具有良好的耐化学品性，不怕霉菌及虫蛀。

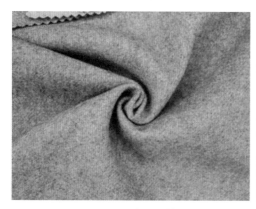 

图1-22　**涤毛混纺**　　　　　　　　图1-23　**涤棉混纺**

七、锦纶纤维面料及主要服用性能特点

① 耐磨性能居各种天然纤维和化学合成纤维之首。耐用性极佳，锦纶纯纺和混纺织物均具有良好的耐用性。

② 吸湿性在合成纤维织物中较好，穿着的舒适性和染色性要比涤纶织物好。

③ 属轻型织物，在合成纤维织物中除丙纶外，锦纶织物较轻。因此，适宜制作登山服、羽绒衣等。

④ 弹性及回弹性较好，但在外力作用下容易变形，故其织物在穿用过程中易变皱。

⑤ 耐热性和耐光性均较差，在穿着使用过程中须注意洗涤和保养。

锦纶纤维面料见图1-24、图1-25。

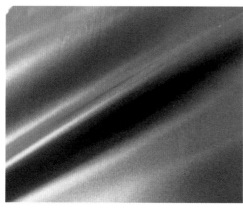 

图1-24　**锦纶塔夫绸**　　　　　　　图1-25　**锦纶绉**

八、腈纶纤维面料及主要服用性能特点

① 腈纶纤维织物有"合成羊毛"之称，拥有与天然羊毛相似的弹性及蓬松度，其织物具有良好的保暖性。

② 具有较好的耐热性，居合成纤维第二位，且耐酸、氧化剂和有机溶剂。

③ 腈纶纤维织物具有良好的染色性，色泽艳丽。

④ 织物在合成纤维织物中属较轻的织物，仅次于丙纶，因此它是很好的轻便服装用料。

⑤ 织物吸湿性较差，容易沾灰尘等污物，穿着有闷气感，舒适性较差。

⑥ 织物耐磨性差，是化学纤维织物中耐磨性最差的品种。

⑦ 腈纶面料的种类很多，有腈纶纯纺织物，也有腈纶混纺和交织织物。

腈纶纤维面料见图1-26。

图1-26　**腈纶纤维面料**

九、氨纶纤维面料及主要服用性能特点

① 氨纶纤维弹性非常高，有优异的弹力，又被称为"弹性纤维"，氨纶织物穿着舒适，很适合做紧身衣服。

② 无压迫感，有良好的伸长特性和弹性恢复能力及很好的运动舒适性。

③ 氨纶织物的外观风格、吸湿性、透气性均接近棉、毛、丝、麻等天然纤维同类产品。

④ 氨纶织物主要用于紧身服、运动装、护身带及鞋底等的制作。

⑤ 有较好的耐酸、耐碱、耐磨性。

氨纶纤维及其面料见图1-27、图1-28。

图1-27　**氨纶纤维**

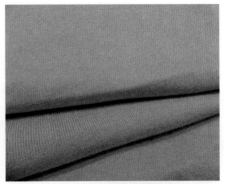

图1-28　**氨纶纤维面料**

十、维纶纤维面料及主要服用性能特点

维纶有合成棉花之称，但由于它的染色性和外观挺括性不好，至今只作为棉混纺布的

内衣面料。其品种较单调，花色也不多，主要的服用性能特点如下：

① 维纶织物的吸湿性在合成纤维织物中较好，而且坚牢，耐磨性好，质轻舒适。

② 染色性及耐热性差，织物色泽较差，抗皱挺括性也差，维纶织物的服用性能欠佳，属于低档衣料。

③ 耐腐蚀、耐酸碱、价格低廉，故一般多用于做工作服和帆布。

十一、丙纶纤维面料及主要服用性能特点

丙纶织物是近几年发展起来的合纤衣料，以快干、挺爽、价廉的优点受到消费者的欢迎，丙纶织物已由一般的细布向毛型感、高档化、多品种方向发展。主要的服用性能特点如下：

① 密度比较轻，属于轻装面料之一。

② 吸湿性极小，因此其服装以快干、挺爽、不缩水等优点著称。

③ 具有良好的耐磨性，并且强度较高，服装坚牢耐穿。

④ 耐腐蚀，但不耐光、热，且易老化。

⑤ 舒适性欠佳，染色性亦很差。

十二、皮革面料及主要服用性能特点

服装用皮革可分为皮面革和绒面革。皮面革的表面保持原皮天然的粒纹，从粒纹可以分辨出原皮的种类。绒面革是革面经过磨绒处理的皮革，当款式需要绒面外观或皮面质量不好时，可加工成绒面使用。主要的服用性能特点如下：

① 遇水不易变形，干燥不易收缩。

② 有较好的舒适性和保暖性，穿着美观大方，防老化等。

③ 具有良好的透气性、吸湿性，并且染色坚牢，柔软轻薄。

④ 天然皮革不稳定，不同部位大小厚度不均匀，原料皮的天然缺陷及生产过程中造成的一些缺陷也难以避免。

牛皮革见图1-29，羊皮革见图1-30。

图1-29　牛皮革　　　　　　　　　　　图1-30　羊皮革

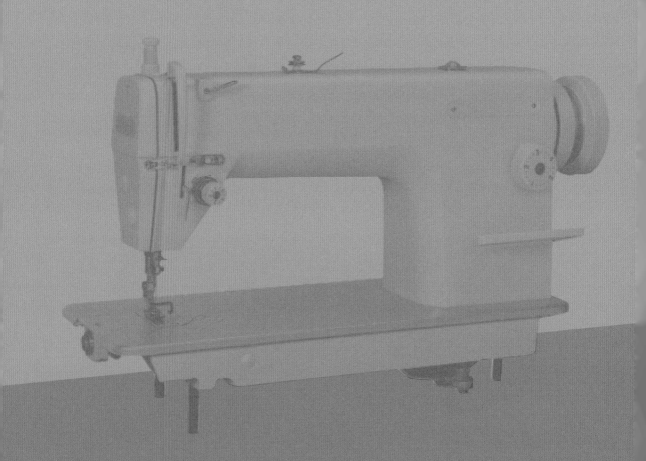

第二章

服装缝纫
基础知识

第一节　服装设备

一、平缝机

平缝机也叫平车，一般称为单针平缝机。平缝机主要是用一根缝纫线，在缝料上形成一种线迹，使一层或多层缝料交织或缝合起来的机器。通常分为薄料和厚料两种用途，平缝机能缝制棉、麻、丝、毛、人造纤维等织物和皮革、塑料、纸张等制品，薄料一般用于针织、内衣、衬衫、制服等，厚料一般用于各类运动服、牛仔服、时装、大衣、鞋帽、箱包等。平缝机是缝纫设备中最基本的车种，在缝制中是最简单的线迹，缝制出的线迹整齐美观、均匀、平整牢固，缝纫速度快、操作简便、使用简单易懂。平缝机最高缝纫速度能达到4000～5000r/min，图2-1所示为普通工业用缝纫机，图2-2所示为电脑直驱高速平缝机。

图2-1　**普通工业用缝纫机**

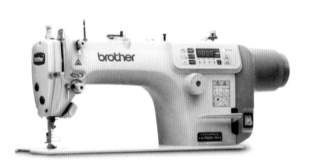

图2-2　**电脑直驱高速平缝机**

二、三线包缝机

包缝机也称码边机，主要功能一般是防止服装的缝头起毛。包缝机不仅能够用于包边，还能应用于缝合T恤、运动服、内衣、针织等面料。包缝机裁与缝纫可同时进行，线迹如同网眼，也适用于弹性面料。

包缝线迹可分为单线、双线、三线、四线、五线等。单线包缝为单针一线线迹，主要用来缝制毯子边；双线包缝为单针双线线迹，主要用来缝制弹性大的部位，如弹力衫底边的缝制；三线包缝为单针三线线迹，是普通针织服装常用线迹，特别适用于一些档次不高服装衣片的缝合；四线包缝是双针四线线迹，比三线包缝增加了一根针线，强力有所提高，用于档次较高服装的衣片缝合或受拉伸较多、摩擦较强烈的部位如合肩合袖等，特别适用于

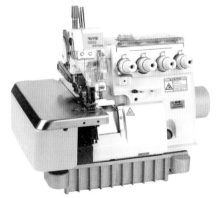

图2-3　**三线包缝机**

外衣的缝制；五线包缝是双针五线线迹，其线迹的牢度和生产效率进一步提高，弹性较四线包缝好，常用于外衣和内衣的缝制，图2-3所示为三线包缝机。

三、熨烫设备

熨烫设备是服装制作过程中给衣片熨烫定形的主要设备，是蒸汽熨烫作业必不可少的专业设备之一。

烫台按功能可分为平烫机、压烫机烫台。按结构可以分为无臂、单臂、双臂烫台。按启动方式可以分为点动和脚踏烫台。图2-4所示为抽湿烫台，图2-5所示为蒸汽熨斗。

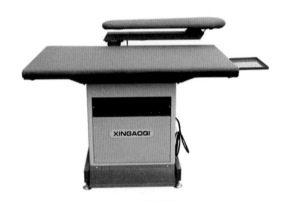

图2-4　**抽湿烫台**

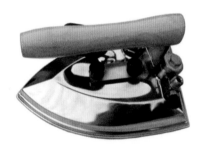

图2-5　**蒸汽熨斗**

第二节　缝纫不同面料的工艺要求

一、服装材料的熨烫

一般情况下，服装和衣料洗过后，会使服装原来的外形发生变化，失去原本平整挺括的外观，这就需要对其进行熨烫，使之恢复至原来的面貌。

熨烫是指在一定温度、压力和水汽条件下，将服装与面料进行热定形，使服装面料平整、外形挺括。服装与面料是由各种纤维组成的，性能各异，所以要想熨烫效果好，首先要了解被烫衣物的组成成分，以便正确选择熨烫温度和时间，然后再根据不同的衣料成分采取正确的熨烫操作方法。

（一）熨烫的分类

根据熨烫时的用水给湿程度，熨烫可分为干烫、湿烫和蒸汽烫；根据服装熨烫的使用工具设备，可分为手工熨烫与机械熨烫。

但通常情况下，根据其工序与工艺要求而概括地分为中间熨烫与成品熨烫。中间熨烫指在服装加工过程中，穿插在缝纫工序之间的局部熨烫，如分缝、翻边、附衬、烫省缝、口袋盖的定形，以及衣领的归拔、裤子的拔裆等。中间熨烫虽在局部进行，却关系到服装的总体特征；成品熨烫是对缝制完毕的服装进行熨烫，又称大烫或整烫。这种熨烫通常是带有成品检验和整理性质的熨烫，可由人工或整烫机完成。

（二）熨烫温度

为了赋予衣物平整光洁、挺括的外观，熨烫温度的掌握最为关键。温度过低，达不到热定形的目的；温度过高，会损伤纤维，甚至使纤维熔化或炭化。合适的熨烫定形温度在玻璃化温度和软化点之间。因此，为了保证熨烫质量，在熨烫前一定要认真查看服装的洗水标签，对于两种或两种以上纤维混纺或交织的织物，熨烫温度要按照温度范围较低的纤维标准来进行。各种织物的熨烫温度标准，如表2-1所示。

表2-1　**织物的熨烫温度标准**　　　　　　　　　　　　　　　　单位：℃

织物纤维	直接熨烫	垫干布熨烫	垫湿布熨烫
棉织物	175～195	195～200	220～240
麻织物	185～205	205～220	220～250
丝织物	165～185	185～190	190～220
毛织物	150～180	185～200	200～250
黏胶织物	120～160	170～200	200～220
涤纶织物	150～170	185～195	195～220
锦纶织物	125～145	160～170	190～220
腈纶织物	115～135	150～160	180～210
维纶织物	125～145	160～170	—
丙纶织物	85～105	140～150	160～190

（三）熨烫时间

熨烫定形需要足够的时间以使热量能够均匀扩散，但时间不是越长越好，一般当熨烫温度低时，熨烫时间需长些；当熨烫温度高时，熨烫时间可短些。质地轻薄的衣料，熨烫时间要短；质地厚重的衣料，熨烫时间可长些。熨烫时应避免在一个位置停留过久。

（四）不同面料的熨烫方法和注意事项

1. 棉织物

棉织物的熨烫效果比较容易达到，但是它在穿用过程中保持时间并不长，受外力后容易再次变形，所以棉织物需经常熨烫。熨烫时可喷水熨烫，对于棉与其他纤维的混纺织物，其熨烫温度应相应降低，特别是氨纶包芯纱织物如弹力牛仔布等，应用蒸汽低温加压熨烫，否则易出现起泡的现象。白色和浅色的衣料也可直接在正面熨烫，深色衣物一般都是在衣料的反面熨烫或是在正面垫上烫布以免烫出极光。

2. 麻织物

麻织物的熨烫基本上与棉织物相同，麻织物在熨烫前必须喷水，但折痕处不宜重压，以免纤维脆断。麻织物容易出褶皱，也需经常熨烫，白色和浅色织物可以直接在正面熨烫，但温度要低一些。

3. 丝织物

丝织物比较精细，光泽柔和，一般在熨烫前需均匀喷水，并在水匀开后再反复熨烫。对丝绒类织物，不但要熨烫背面，并且应注意烫台需垫厚，压力要小，最好采用悬烫。还需注意的是，丝织物不一定完全是蚕丝织物，丝织物中含有大量的化纤长丝时，熨烫时应区分对待。

4. 毛织物

毛织物不宜在正面直接熨烫，以免烫出极光，应垫湿布（或用喷汽熨斗）先在反面熨烫，烫干烫挺后，再垫干布在正面熨烫。绒类织物在熨烫时应注意其绒毛倒向和熨烫压力。

5. 黏胶织物

这类织物比较容易定形，烫前可喷水，或用喷汽熨斗熨烫。这类织物易变形，所以应注意熨斗走向并用力要适当，更不宜用力拉扯服装材料。

6. 涤纶织物

由于涤纶有快干免烫的特性，所以日常穿用时一般不必熨烫，或只需稍加熨烫即可。如需改变已烫好的褶裥造型，则须使用比第一次熨烫时更高的温度。涤纶织物需垫布湿烫，以免由于温度掌握不好而出现材料的软化。

7. 锦纶织物

锦纶织物稍加熨烫即可平整，但不易保持，因此也需垫布湿烫。由于锦纶的热收缩率比涤纶大，所以应注意温度不宜过高，且用力要适中。

8. 腈纶织物

熨烫腈纶衣料，在正面熨烫时要垫上湿布，熨斗温度不能太高，速度不能太慢，防止有的染料遇到高温颜色变浅而影响美观。腈纶织物的熨烫一般与毛织物的熨烫类似。腈纶绒、膨体纱和腈纶毛皮一般不需要熨烫，因为这些织品是经过特殊工艺处理的，再经熨烫会使织品失去蓬松感、弹性和美观。

9. 维纶织物

维纶衣料一般都是混纺或是交织的产品，它的特点是湿热收缩性大，因此这类织物在熨烫时不能湿烫，需垫干布熨烫；也可以在反面直接熨烫。

10. 混纺织物

混纺织物的熨烫，主要由纤维种类与混纺比例而定，在熨烫处理时需偏重比例大的纤维。但是，像与氨纶混纺制成的弹力织物，虽然其中氨纶的混用量较少，也应采用较低的温度熨烫或者不熨烫，以免织物有较大的收缩。

二、服装材料的缝纫

在服装生产过程中，作为服装生产中的重要工艺过程，缝纫加工是影响成衣质量的重要工序。服装的成衣过程就是将材料、缝纫线在一定的缝纫条件下缝合成衣服的加工过程，在此过程中，缝纫质量相对比较难控制，受到许多不确定因素的影响。主要的影响因素有面料的性能、缝纫线和缝纫设备几个方面。因此，在缝纫过程中要充分了解面料性能，合理选择设备，优化配置缝纫工艺才能达到最优的缝制质量，从而提高生产效率，降低成本。

（一）面料性能的影响

服装面料的性能是影响缝纫质量的最根本因素，在众多人员的研究中发现，织物的拉伸性能、刚柔性、压缩性能、表面性能以及织物的结构等都对织物的缝纫质量有着不同程度的影响。从表2-2中可以明显看出，面料的各项性能对其缝纫加工和质量都有较大影响。

表2-2　织物性能对服装面料加工的影响

性能	服装面料加工问题
松弛收缩	不充分的松弛收缩在黏合部位易产生气泡、易分离，做折皱处理时容易产生气泡。过大的松弛收缩会产生过度的黏合熨烫收缩、蒸气熨烫收缩，裁剪部位尺寸变化，线缝起皱
湿膨胀	高湿膨胀，会引起缝纫收缩过度，形状保持性差；线缝起皱，黏合部位易产生气泡、皱纹；折皱部位容易产生气泡
成形性	低成形性会使袖窿难以定形，线缝起皱，熨烫困难
延伸性	低延伸性会导致缝合时难以精确对位，熨烫困难，难以收缩产生丰满效果；高延伸性会使格子花纹难以对齐、匹配，缝合困难
弯曲刚性	弯曲刚性低的面料，形状保持性差，袖窿柔软下垂，裁剪、缝合困难；弯曲刚性高的面料，造型、熨烫困难
剪切刚性	剪切刚性低的面料在辅料、做标记和裁剪中变形，形状保持性差，袖窿柔软下垂；剪切刚性高的面料，服装造型困难，难以形成造型效果

（二）缝纫线、针合理选配的影响

缝纫线起着缝合、联结、定形和装饰的作用，因而它也是实现服装缝制工艺不可缺少的辅助材料。针是缝纫机在工作过程中必不可少的部件。针、线、缝料之间存在着密切相关的配合关系。在实际缝纫时，织物的结构性能必须与针、线密切配合，常用各类衣料的针线配合关系如表2-3所示。

表2-3　织物与缝纫线和机针的配合关系

分类		缝纫线种类及规格					缝纫机针/#	针距/（针/3cm）
		涤纶线	涤/棉线	锦纶线	丝线	棉线		
棉麻类	薄	9.8tex×3				9.8tex×3 丝光线、蜡光线	9	13~15
	中厚	11.8tex×3				13.9tex×3 丝光线、蜡光线	11、14	14~16
丝绸类	薄	7.3tex×3			7.3tex×3		7、9	13~15
	中厚	7.3tex×3			7.3tex×3		7、9	14~16
	厚	9.8tex×3			9.8tex×3		9、11	14~16
毛料	薄	9.8tex×3			9.8tex×3		11	13~15
	中厚	14.8tex×3			14.8tex×3		11	14~16
	厚	29.2tex×3			29.2tex×3		11、14	14~16
化纤面料	薄	9.8tex×3		9.8tex×3			9	14~16
	中厚	14.8tex×3		14.8tex×3			9	14~16
	厚	29.2tex×3		29.2tex×3			11	14~16
涤棉布	薄	9.8tex×3	9.8tex×3				11	14~16
	中厚	11.8tex×3	13.0tex×3				11、14	14~16
裘皮	薄	19.7tex×3			19.7tex×3		11、14	14~16
	厚	29.2tex×3			29.2tex×3		11、14	14~16

日常缝纫加工过程中，不同的面料，其服用性能具有很大的差异，需要根据实际面料的性能来调节缝纫工艺参数。缝纫设备的种类、缝纫车速、缝线张力、针距大小、压脚压力及送布的速度等因素，都会对缝纫质量产生不同程度的影响，也是影响缝纫质量最直接的因素，因此在缝纫之前要充分了解面料的性能和与设备之间匹配的技术参数。

第三节　缝纫基础方法

　　服装缝纫是将面料制作成服装的重要环节，机缝是指采用缝纫机缝制加工服装，它是现代服装工业生产的主要手段。利用缝纫机缝制服装，不但产量高、工效快，而且针迹整齐美观，缝制简便省事。在学习服装缝纫之前首先需要掌握几种服装缝纫的基础缝型。

一、平缝

　　平缝（图2-6）也称合缝、平接缝，是机缝中最基本、使用最广泛的一种缝型。平缝是把两层面料正面和正面相对，沿着净缝线进行缝合，缝制时要求缝迹顺直，缝份宽窄一致。缝缉后衣片平整，上下层之间松紧均匀，无上层长出、下层缩进现象。平缝多用于衣片的拼接，如上衣的肩缝、摆缝、袖缝，裤子的侧缝、下裆缝以及拼接裤腰、挂面、滚条等。

图2-6　**平缝**

二、单折边缝

　　将衣片沿折边宽度对折，然后沿折边压缉一道明线，通常为0.1～0.2cm。常用于各类衣服的下摆、袖口（图2-7）。

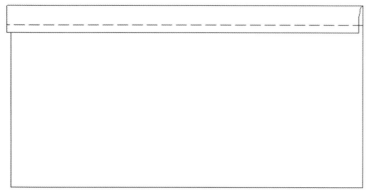

图2-7　**单折边缝**

三、卷边缝

卷边缝（图2-8）是一种把布料毛边作两次翻折卷边后，沿内侧折边缉0.1cm。卷边可先将底边折转熨烫好后从布料正面缉，也可在布料反面一面卷边一面缉。此外，卷边还有卷宽边与卷窄边之分，宽边多用于上衣袖口、下摆底边和裤子脚口边等；窄边则多用于衬衫圆摆底边、衬裤脚口边及童装衣边等。

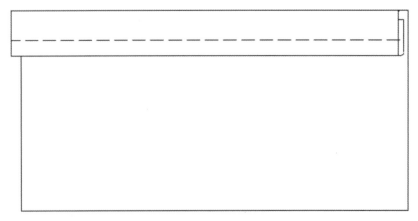

图2-8　**卷边缝**

四、分缉缝

分缉缝（图2-9）是将平缝后的衣片缝头分开，左右按需要各缉明线。常用于服装合缝后的外装饰或加固。

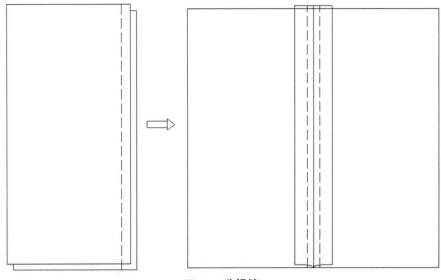

图2-9　**分缉缝**

五、搭缝

搭缝（图2-10）也称平叠缝，是一种将两块布料连接，缝口处平叠、居中缝缉的缝型。缝制时取两衣片，两衣片都正面朝上，将需拼接的布边叠合在一起，形成宽1～1.2cm的缝份，搭缝的边口互相重叠平行，在缝份居中处缉缝一道，使上下衣片一起缝牢。多用于服装接袖口衬、腰衬、省缝等，以及衬布暗藏部位的拼接，有平服、减少拼接厚度的作用。

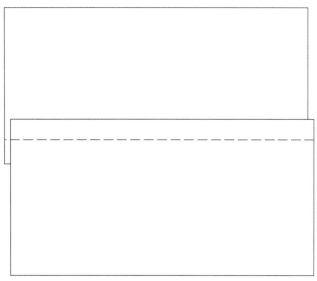

图2-10　**搭缝**

六、坐缉缝

坐缉缝（图2-11）是两层面料平缝后，缝缝向一侧倒，在正面缉一条明线，一般用于衣片拼接部位，如裤子裆缝、后缝、袖片外侧缝、肩部合缝等处，起装饰和平整作用。优点在于一次性解决了合缝、锁边、个性装饰以及后期的开劈熨烫工作。

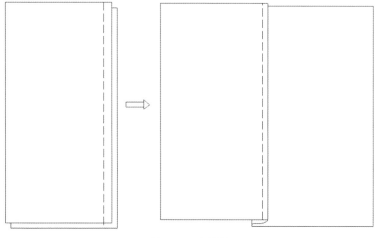

图2-11　**坐缉缝**

七、扣压缝

扣压缝（图2-12）是将一裁片正面缝份折光，与另一裁片正面相搭合并压缉一道0.1cm明线。多用于贴袋、过肩等处。

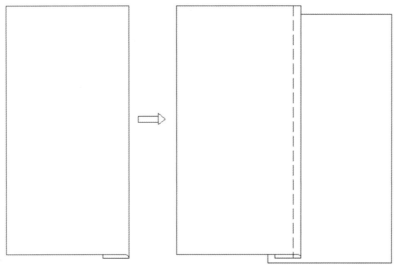

图2-12　**扣压缝**

八、来去缝

来去缝（图2-13）也称反正缝、筒子缝。先将衣片反面相对，缉0.3cm 的缝线，将缝头修剪整齐后再将衣片翻转，正面相对，沿边缉0.7cm 的缝线，是一种将布料正缝反压后，布料正面不露明线的缝型。将毛边缝在布里，常用于女衬衫、童装的摆缝、合袖缝等较薄布料及简单衣物。

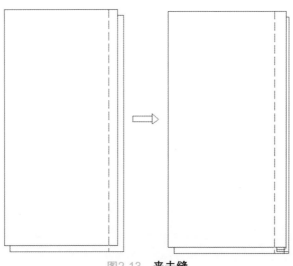

图2-13　**来去缝**

九、闷缝

　　闷缝（图2-14）缝制时先平缝缉一道，将下层裁片的正面翻上来并折光另一裁片再在盖住第一道缝线处沿折边口正面缉明线。常用于缂领、缂袖克夫、缂裤腰等。

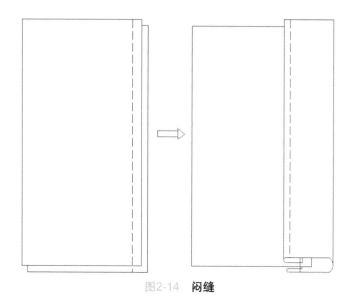

图2-14　**闷缝**

十、内包缝

　　内包缝（图2-15）先将衣片正面相对，下层缝头放出0.6cm 包转上层缝头，沿毛边缉线一道。再将衣片翻到正面坐倒包缝，在衣片正面缉线0.5cm明线。常用于中山装、工装裤、牛仔裤等。

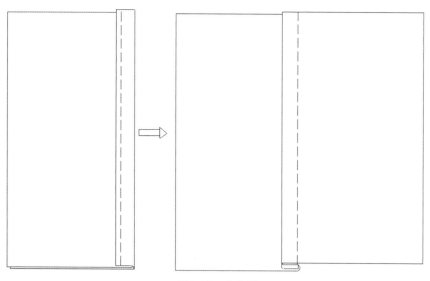

图2-15　**内包缝**

十一、外包缝

外包缝（图2-16）先将衣片反面相对，下层缝头放出0.8cm 包转上层缝头，沿毛边绲线一道。再将包缝坐倒，在正面绲线0.1cm明线。常用于夹克衫、风衣、大衣等。

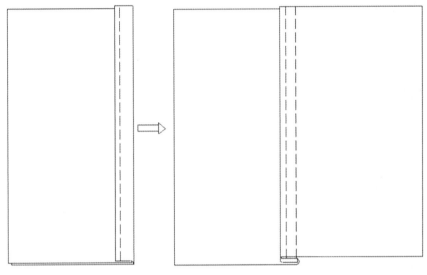

图2-16　**外包缝**

十二、漏落缝

两片平缝后分开缝份，再在两布料接缝缝口处绲缝一道，带住下层布料。此种缝制方法多用于固定挖袋嵌线（图2-17）。

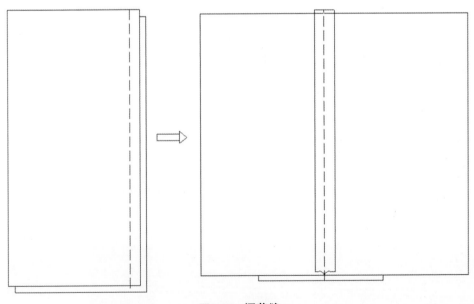

图2-17　**漏落缝**

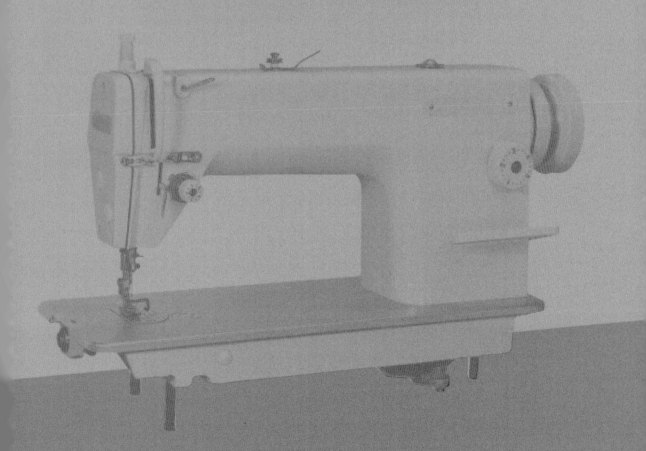

第三章

牛仔裙制板与缝纫

第一节　牛仔裙制板

一、款式特征（图3-1）

① 前中心开口，五粒扣。

② 前片两个口袋。

③ 后片两个贴兜。

④ 装腰结构。

图3-1　**牛仔裙款式特征**

二、成品尺寸

165/84A

单位：cm

部位	臀围H	腰围W	裙长L	腰头宽
尺寸	94	70	50	3

三、制板过程

（一）前片制板（视频3-1、图3-2）

① 绘制基础线（$L-3\text{cm}$）、上平线、下平线。

② 绘制臀围线，在基础线上量取长度17cm作垂线。

③ 绘制臀围宽线，距离基础线$H/4+1\text{cm}$作基础线的平行线。

④ 绘制腰围点，在上平线上距基准点$W/4+1\text{cm}+2.5\text{cm}$找腰围点。

⑤ 侧缝起翘，在腰围点垂直上平线向上1.5cm。

⑥ 绘制腰围弧线，从起翘1cm点开始绘制弧线到前中心点。

⑦ 绘制侧缝弧线，从起翘1cm点开始到臀围线绘制弧线。

⑧ 绘制搭门，搭门宽2.5cm。

⑨ 绘制兜位置，腰围线量取长度9cm，侧缝线量取长度7cm，画兜口弧线。

⑩ 绘制兜布，兜布长20cm、宽12cm。

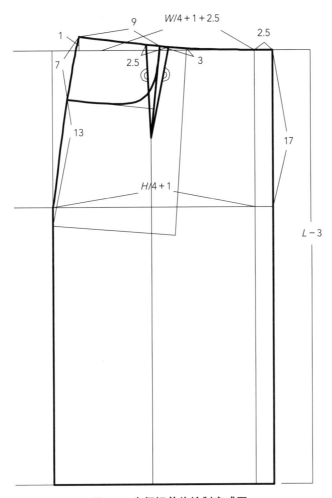

图3-2 **牛仔裙前片绘制完成图**

（二）后片制板（视频3-2、图3-3）

① 延长前片上平线、下平线、臀围线。

② 绘制后片基础线，后片基础线垂直于上平线。

③ 绘制后臀宽线，距后片基础线距离为$H/4-1$cm。

④ 绘制腰围点，在上平线上从基础线开始量取$W/4-1$cm$+3$cm找一点。

⑤ 侧缝起翘，在腰围点垂直上平线1cm。

⑥ 后中心下落1cm。

⑦ 绘制腰围弧线，从起翘1cm点到后中心下落1cm点画弧线。

⑧ 绘制侧缝线，从起翘1cm点到臀围线画弧线。

⑨ 绘制育克分割线，在侧缝位置取6cm，在后中心位置取9cm，绘制育克分割线。

⑩ 绘制后贴兜位置，兜宽12cm、长13cm。

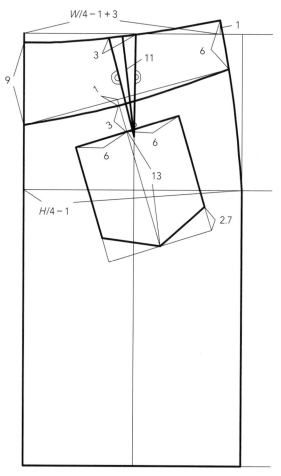

图3-3　牛仔裙后片绘制完成图

（三）绘制腰头（视频3-3）

牛仔裙腰头绘制如图3-4所示，腰头长为腰围＋5cm、宽3cm，标记出侧缝和前后中心位置。

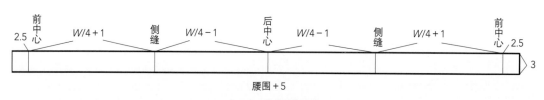

图3-4　牛仔裙腰头

（四）绘制完成图（图3-5）

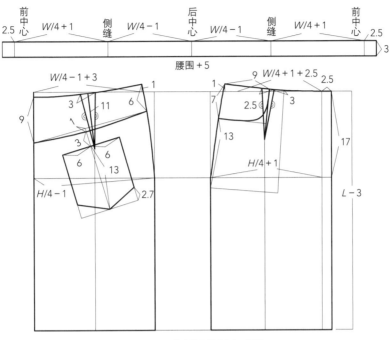

图3-5　牛仔裙绘制完成图

第二节　牛仔裙放缝与排料

一、牛仔裙净板（图3-6）

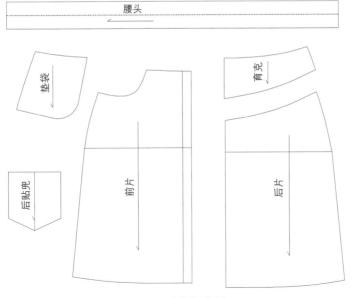

图3-6　牛仔裙净板

二、牛仔裙毛板（图3-7）

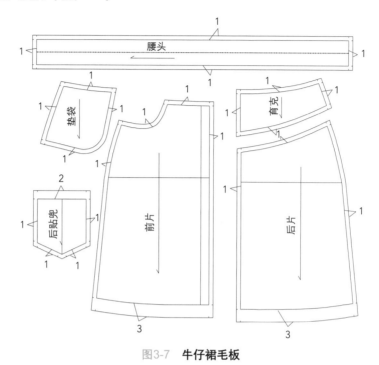

图3-7　牛仔裙毛板

三、牛仔裙排料图（图3-8）

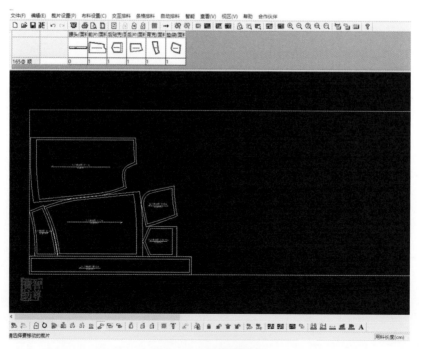

图3-8　牛仔裙排料图

第三节　牛仔裙缝制工艺流程

牛仔裙缝制工艺流程如图3-9所示。

图3-9　牛仔裙缝制工艺流程

第四节　牛仔裙缝纫方法与步骤

一、牛仔裙面料准备

前片2片、后片2片、育克2片、前兜垫袋2片、前兜贴边2片、前片贴边2片、后贴兜2片、腰头1片，面料裁剪完成图如图3-10所示。

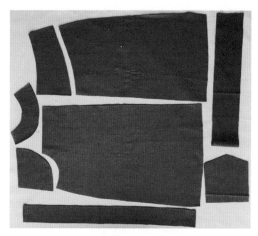

图3-10　**面料裁剪完成图**

二、牛仔裙兜布准备

前片兜布2片，兜布裁剪完成图如图3-11所示。

图3-11　**兜布裁剪完成图**

三、牛仔裙部件样片码边

后贴兜全部码边，前兜垫袋只码下边缘，前兜贴边只码下边缘，码边时在面料正面码边（视频3-4～视频3-6）。如图3-12所示为后贴兜码边，如图3-13所示为前兜垫袋码边，如图3-14所示为前兜贴边码边。

图3-12 **后贴兜码边**　图3-13 **前兜垫袋码边**　　图3-14 **前兜贴边码边**

四、牛仔裙缝制工艺方法

1. 缝合后片和育克

后片和育克面料正面和正面相对，1cm缝缝进行缝合，起针和止点打倒针固定（视频3-7）。如图3-15所示为缝合后片和育克完成图。

2. 育克缝缝码边

育克缝缝码边时后片在上，育克在下进行码边（视频3-8）。如图3-16所示为育克缝缝码边完成图。

图3-15 **缝合后片和育克完成图**　　　图3-16 **育克缝缝码边完成图**

3. 整熨育克

育克的缝缝向腰头方向翻倒，然后进行整熨。图3-17所示为整熨育克背面，图3-18所示为整熨育克正面。

图3-17　整熨育克背面

图3-18　整熨育克正面

4. 育克压0.5cm明线

贴育克缝边压0.5cm明线，起针和止点打倒针固定，并整熨平整（视频3-9）。如图3-19所示为育克压0.5cm明线正面，图3-20所示为育克压0.5cm明线背面。

图3-19　育克压0.5cm明线正面

图3-20　育克压0.5cm明线背面

5. 整熨兜布

先标记出后贴兜净缝线的位置，按净缝线的位置来进行熨烫。图3-21所示为标记后贴兜净缝线，图3-22所示为后贴兜整熨完成图正面，图3-23所示为后贴兜整熨完成图背面。

图3-21　标记后贴兜净缝线

图3-22　后贴兜整熨完成图正面

图3-23　后贴兜整熨完成图背面

6. 标记后贴兜位置

按照后贴兜标记点的位置将后贴兜的边界线画出来，图3-24所示为标记后贴兜位置。

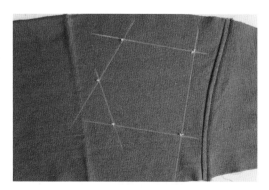

图3-24　标记后贴兜位置

7. 缝合后贴兜

先距兜口1cm缝合兜口明线，将后贴兜按标记点的位置进行对位摆放，摆放整齐之后，沿兜布距边0.1cm进行缝合。0.1cm线缝合完成之后，距0.1cm线0.5cm，再进行缝合。缝合完成后在兜口位置距边0.1cm在0.1cm线和0.5cm线之间打结固定（视频3-10～视频3-12）。图3-25所示为后贴兜缝合完成图正面，图3-26所示为后贴兜缝合完成图背面。

图3-25　后贴兜缝合完成图正面

图3-26　后贴兜缝合完成图背面

8. 缝合后中缝

后片和后片面料正面和正面相对1cm缝缝进行缝合，起针和止点打倒针固定（视频3-13）。图3-27所示为缝合后中缝完成图背面，图3-28所示为缝合后中缝完成图正面。

图3-27　缝合后中缝完成图背面

图3-28　缝合后中缝完成图正面

9. 后中缝码边

后中缝码边，码边时右片在上左片在下，看右片进行码边。图3-29所示为后中缝码边完成图。

10. 整熨后中缝

整熨后中缝时缝缝向左片倒进行整熨，图3-30所示为后中缝整熨完成图。

图3-29　后中缝码边完成图　　　　图3-30　后中缝整熨完成图

11. 后中缝压0.5cm明线

距后中缝0.5cm压明线，起针和止点打倒针固定（视频3-14）。后中缝压0.5cm明线正面如图3-31所示，后中缝压0.5cm明线背面如图3-32所示。

图3-31　后中缝压0.5cm明线正面　　　　图3-32　后中缝压0.5cm明线背面

12. 缝合前片、贴边和兜布

前片面料、兜布以及贴边，按顺序摆放平整，距兜口1cm缝进行缝合，起针和止点打倒针固定（视频3-15）。图3-33所示为缝合前片、贴边和兜布正面，图3-34所示为缝合前片、贴边和兜布背面。

图3-33　缝合前片、贴边和兜布正面　　　图3-34　缝合前片、贴边和兜布背面

13. 整熨兜口贴边

将贴边翻折到背面并进行整熨，图3-35所示为贴边整熨完成图正面，图3-36所示为贴边整熨完成图背面。

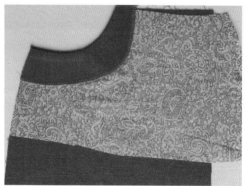

图3-35　贴边整熨完成图正面　　　　　图3-36　贴边整熨完成图背面

14. 前兜口压0.5cm明线

距兜口边缘0.5cm压明线，起针和止点位置打倒针固定，并整熨平整（视频3-16）。图3-37所示为兜口压0.5cm明线正面，图3-38所示为兜口压0.5cm明线背面。

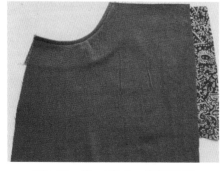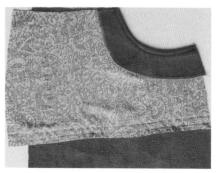

图3-37　兜口压0.5cm明线正面　　　　　图3-38　兜口压0.5cm明线背面

15. 固定贴边到兜布上

距贴边下边缘0.2cm，将贴边固定到兜布上，起针和止点打倒针固定（视频3-17）。图3-39所示为固定贴边到兜布上。

16. 固定垫袋到兜布上

垫袋按位置摆放到兜布上，并将下边缘距边0.2cm固定到兜布上，起针和止点打倒针固定（视频3-18）。图3-40所示为固定垫袋到兜布上。

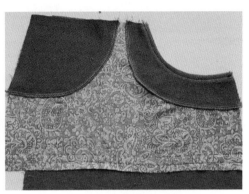

图3-39　**固定贴边到兜布上**　　　图3-40　**固定垫袋到兜布上**

17. 封兜布

兜布正面和正面相对，0.5cm缝缝进行缝合，起针和止点打倒针固定。修剪缝缝留0.3cm，翻折兜布并进行整熨（视频3-19）。图3-41所示为封兜布，图3-42所示为整熨兜布。

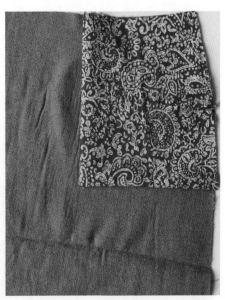

图3-41　**封兜布**　　　　　　图3-42　**整熨兜布**

18. 翻折缝合兜布

兜布正面，距兜布底端0.5cm缝缝进行缝合，起针和止点打倒针固定（视频3-20）。图3-43所示为翻折缝合兜布。

19. 固定兜布和侧缝

兜布在侧缝的位置和前片面料0.5cm缝缝进行固定（视频3-21）。图3-44所示为固定兜布和侧缝正面，图3-45所示为固定兜布和侧缝背面。

图3-43　翻折缝合兜布　　　　图3-44　固定兜布和侧缝正面　　　　图3-45　固定兜布和侧缝背面

20. 扣折贴边

贴边1cm缝缝进行熨烫。图3-46所示为扣折贴边。

图3-46　扣折贴边

21. 缝合前片和贴边

前片和贴边面料正面和正面相对，1cm缝缝进行缝合，需要对位的点按标记点的位置对位，起针和止点打倒针固定（视频3-22）。图3-47所示为缝合前片和贴边正面，图3-48所示为缝合前片和贴边背面。

图3-47　缝合前片和贴边正面　　　　图3-48　缝合前片和贴边背面

22. 整熨贴边

将贴边翻折到正面进行熨烫。图3-49所示为整熨贴边一，图4-50所示为整熨贴边二。

图3-49　**整熨贴边一**　　　　　　　　　图3-50　**整熨贴边二**

23. 贴边压0.1cm明线

距贴边0.1cm压明线，起针和止点打倒针固定；前止口压0.1cm明线，起针和止点打倒针固定（视频3-23、视频3-24）。图3-51所示为贴边压0.1cm明线。

24. 贴边压0.5cm明线

距贴边0.1cm明线0.5cm的距离再压两条明线，起针和止点打倒针固定（视频3-25、视频3-26）。图3-52所示为贴边压0.5cm明线正面，图3-53所示为贴边压0.5cm明线背面。

图3-51　**贴边压0.1cm明线**　　　图3-52　**贴边压0.5cm明线正面**　　　图3-53　**贴边压0.5cm明线背面**

25. 缝合侧缝

前片和后片面料正面和正面相对，1cm缝缝进行缝合，需要对位的点按标记点的位置进行对位，起针和止点打倒针固定（视频3-27）。图3-54所示为缝合侧缝。

26. 侧缝码边

侧缝码边时，前片面料在上后片面料在下进行码边，码边完成后缝缝向后片倒进行熨烫。图3-55所示为侧缝码边，图3-56所示为整熨侧缝。

图3-54 **缝合侧缝** 图3-55 **侧缝码边** 图3-56 **整熨侧缝**

27. 制作襻带

襻带面料正面和正面相对，襻带宽1cm进行缝合，起针和止点打倒针固定。缝合完成后将襻带翻折到正面，在正面距边0.1cm压明线，并将襻带裁剪成7.5cm长（视频3-28、视频3-29）。图3-57所示为缝合襻带，图3-58所示为翻折襻带，图3-59所示为襻带制作完成图。

图3-57 **缝合襻带**

图3-58 **翻折襻带**

图3-59 **襻带制作完成图**

28. 固定襻带到裙片上

襻带的位置在距离后中心2.5cm的位置一个，前片兜口位置一个，前片兜口和后中心襻带的中点位置一个，按襻带的位置距裙腰0.5cm将襻带固定到裙片上（视频3-30）。图3-60所示为固定襻带到裙片上。

图3-60　固定襻带到裙片上

29. 制作腰头

腰头距边1cm粘有纺衬。将腰头1cm缝扣折熨烫，并将腰头对折进行熨烫。腰头两端面料正面和正面相对，1cm缝缝进行缝合，起针和止点打倒针固定（视频3-31）。图3-61所示为腰头粘衬，图3-62所示为熨烫腰头，图3-63所示为缝合腰头两端。

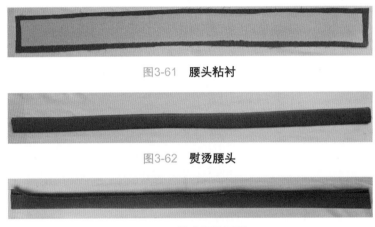

图3-61　**腰头粘衬**

图3-62　**熨烫腰头**

图3-63　**缝合腰头两端**

30. 绱腰头

腰里子正面和裙片反面相对，1cm缝缝进行缝合，需要对位的点按标记点的位置进行对位，起针和止点打倒针固定，缝合完成后进行整熨。腰面料距边0.1cm压明线，起针和止点打倒针固定（视频3-32、视频3-33）。图3-64所示为缝合腰里子和裙片，图3-65所示为整熨裙腰，图3-66所示为缝合腰面压0.1cm明线。

图3-64　**缝合腰里子和裙片**

图3-65　**整熨裙腰**

图3-66　缝合腰面压0.1cm明线

31. 缝合襻带

　　襻带下端距腰头0.5cm打结固定牢固。襻带的上端扣折0.5cm，距腰头边缘0.2cm打结固定牢固（视频3-34、视频3-35）。图3-67所示为固定襻带下端，图3-68所示为固定襻带上端。

图3-67　固定襻带下端

图3-68　固定襻带上端

32. 缝合下摆

　　下摆先折1cm，再折2cm进行整熨。距整熨的折边0.1cm进行缝合，起针和止点打倒针固定（视频3-36）。图3-69所示为整熨下摆，图3-70所示为缝合下摆。

图3-69　整熨下摆

图3-70　缝合下摆

33. 缝合完成图（图3-71、图3-72）

图3-71　缝合完成图背面　　　　　　　　图3-72　缝合完成图正面

34. 锁眼钉扣（图3-73）

图3-73　锁眼钉扣完成图

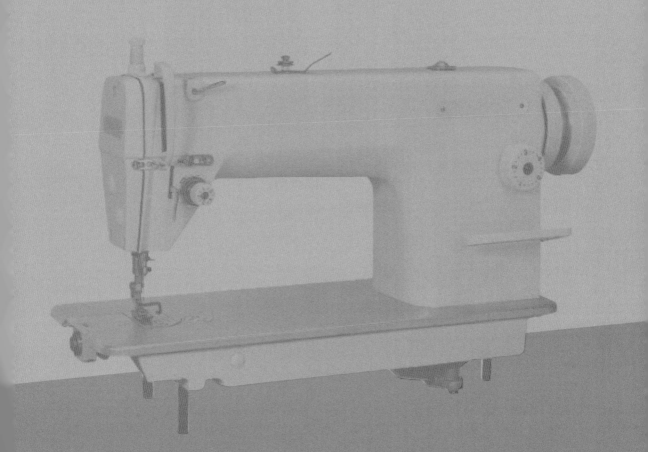

第四章

休闲裤制板与缝纫

 **第一节 休闲裤制板**

一、款式特征（图4-1）

① 前片两个斜插兜。

② 后片两个单牙兜。

③ 前中心装拉链。

④ 直筒裤。

图4-1 **裤子款式特征**

二、成衣尺寸

165/84A
单位：cm

部位	臀围H	腰围W	裤长TL	裤口SB	腰宽SW
尺寸	96	70	100	24	3.5

三、制板过程

（一）休闲裤前片制板（视频4-1、图4-2）

① 绘制裤子基础线、上平线、下平线，基础线长为（TL－SW）cm，上平线、下平

线与基础线垂直。

②绘制立裆深线，距离上平线$H/4$cm。

③绘制臀围线，将立裆深三等分，过2/3立裆深点作臀围线的平行线。

④绘制膝围线，平行于上平线，过臀围线与下平线间基础线中点。

⑤绘制前臀宽线，前臀宽$H/4-1$cm。

⑥绘制小裆宽，小裆宽$H/20-1$cm。

⑦横裆大点，立裆深线从基础线向里进0.5cm。

⑧绘制裤中线，过横裆大点与小裆宽中点，与基础线平行。

⑨绘制裤口点，前裤口宽$SB/2-1$cm。

⑩绘制内侧缝辅助线，连接裤口点与小裆宽中点。

⑪绘制外侧缝辅助线，膝围线以下裤中线两侧对称。

⑫绘制前裆斜线，前臀宽点进1.5cm。

⑬绘制小裆弯弧线，先绘制裆弯辅助线，再作辅助线的垂线并三等分，连接臀围线点、1/3等分点、小裆宽点。

⑭前腰围宽点，前腰围宽$W/4-1$cm$+3$cm。

⑮绘制外侧缝弧线，过腰围点、臀围点、横裆大点到中裆线上。

⑯绘制内侧缝弧线。

⑰绘制前片斜插兜。

⑱绘制拉链门襟位置。

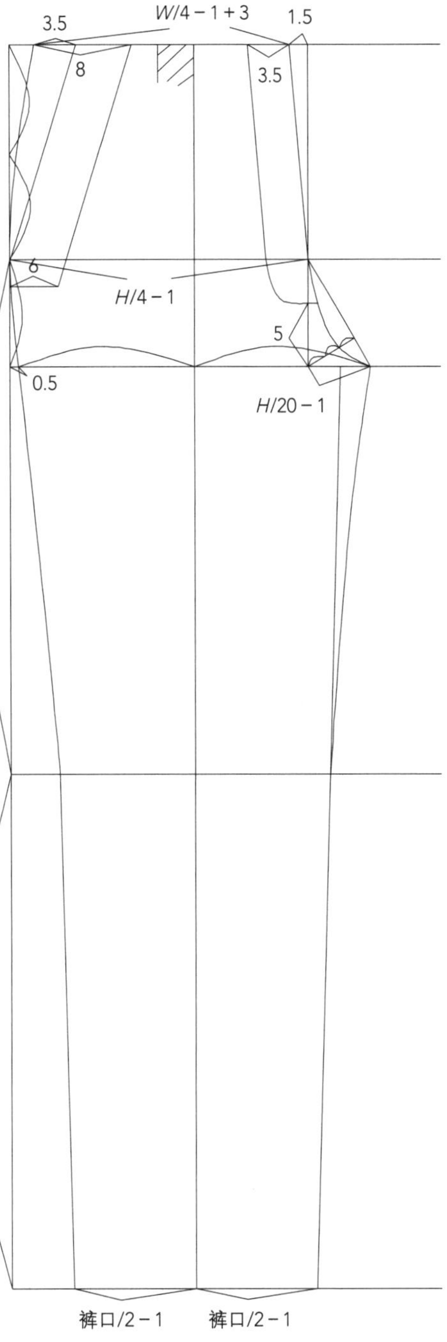

图4-2　**休闲裤前片制板**

（二）休闲裤后片制板（视频4-2、图4-3）

①延长前片上平线、下平线、臀围线、膝围线。

②前立裆深线下落1cm。

③绘制后片基础线。

④ 绘制后片裤中线，后裤中线与后基础线距离与前裤中线与前臀宽线距离相等。

⑤ 绘制后裆斜线。

⑥ 绘制大裆宽，大裆宽$H/10$cm。

⑦ 绘制裆弯弧线，过后裆斜线与落裆线交点作裆弯斜线垂线，并将垂线三等分，连接臀围点、1/2等分点、大裆宽点。

⑧ 后裤口宽，后裤口宽$SB/2-1$cm。

⑨ 绘制后片内侧缝辅助线，连结裤口宽点和大裆宽中点。

⑩ 绘制后片外侧缝辅助线，在中档线以下裤中线左右两侧对称。

⑪ 绘制后臀宽线，后臀宽$H/4+1$cm。

⑫ 绘制后中心起翘2.5cm。

⑬ 绘制后腰围线，后腰围宽$W/4+1$cm$+4$cm。

⑭ 绘制后片内外侧缝弧线。

⑮ 绘制后片腰省。

⑯ 绘制后兜口位置。

（三）绘制休闲裤腰头（视频4-3）

休闲裤腰头制板如图4-4所示，腰头宽3.5cm，腰头长$W+3.5$cm，并标记侧缝和前后中心位置。

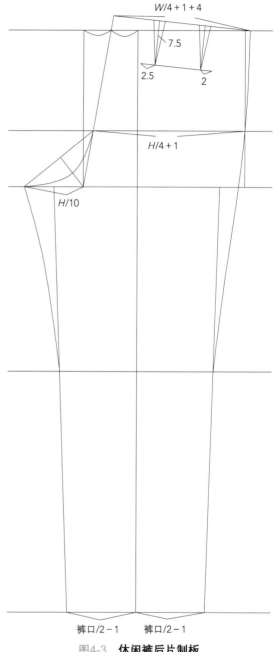

图4-3　休闲裤后片制板

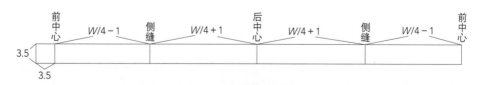

图4-4　休闲裤腰头制板

（四）休闲裤结构完成图（图4-5）

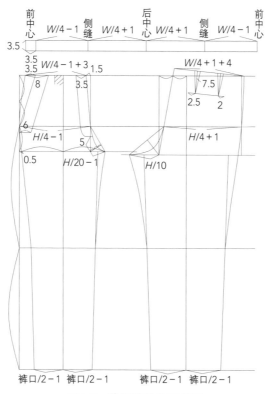

图4-5　休闲裤结构完成图

第二节　休闲裤放缝与排料

一、休闲裤净板（图4-6）

图4-6　休闲裤净板

二、休闲裤放缝图（图4-7）

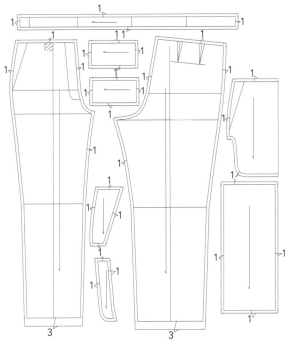

图4-7　休闲裤毛板

三、休闲裤排料图（图4-8）

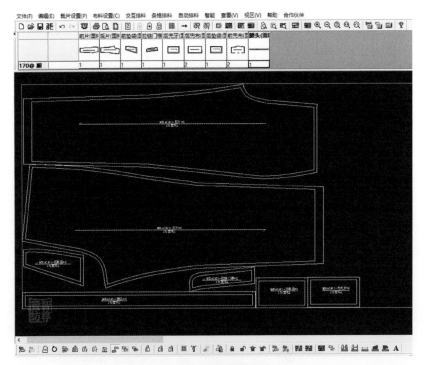

图4-8　休闲裤排料图

第三节　休闲裤缝制工艺流程

休闲裤缝制工艺流程如图4-9所示。

图4-9　**休闲裤缝制工艺流程**

第四节	**休闲裤缝纫方法与步骤**

一、面料辅料准备

1. 面料裁剪完成图

前片2片、后片2片、腰头2片、拉链门襟2片、斜插兜垫袋2片、后兜垫袋2片、后兜兜牙2片，图4-10所示为面料裁剪完成图。

2. 辅料裁剪完成图

腰里子2片、斜插兜兜布2片、单牙兜兜布2片，图4-11所示为辅料裁剪完成图。

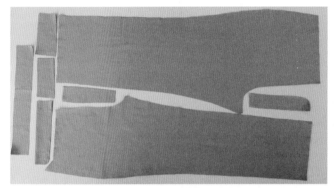
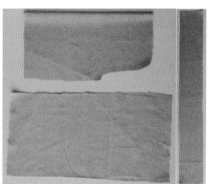

图4-10　**面料裁剪完成图**　　　　　　图4-11　**辅料裁剪完成图**

二、面料码边

1. 前片码边部位

外侧缝弧线、内侧缝弧线、小裆弯弧线码边，前片码边完成图如图4-12所示。

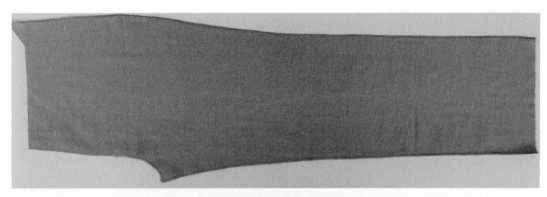

图4-12　**前片码边完成图**

2. 后片码边部位

外侧缝弧线、内侧缝弧线、大裆弯弧线、后裆斜线码边，后片码边完成图如图4-13
所示。

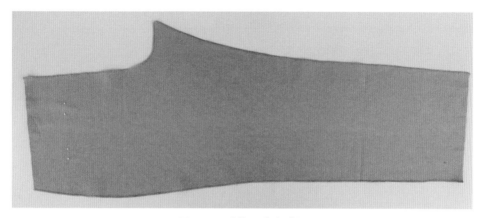

图4-13 后片码边完成图

3. 斜插兜垫袋码边部位

垫袋侧缝部位、垫袋下端码边，斜插兜垫袋码边完成图如图4-14所示。

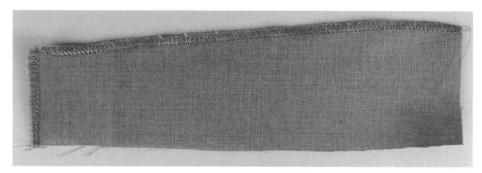

图4-14 斜插兜垫袋码边完成图

4. 拉链门襟码边部位

门襟弧线部位码边，门襟底襟码边完成图如图4-15所示。

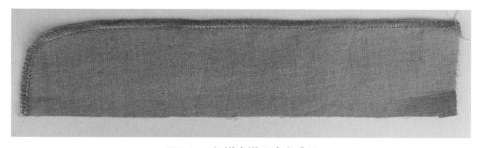

图4-15 门襟底襟码边完成图

5. 单牙兜兜牙码边部位

兜牙底边码边，单牙兜兜牙码边完成图如图4-16所示。

图4-16　单牙兜兜牙码边完成图

图4-17　单牙兜垫袋码边完成图

6. 单牙兜垫袋码边部位

垫袋下边缘码边，单牙兜垫袋码边完成图如图4-17所示。

三、裤子制作工艺流程

1. 缝合后片省道

在后片面料背面按剪口和标记点的位置画出省道线，按标记省道线的位置缝合省道，起针打倒针固定，在省尖点位置打结固定，缝合完成后省道向后中心倒进行整熨（视频4-4）。图4-18所示为标记省道位置，图4-19所示为缝合省道背面，图4-20所示为整熨省道背面，图4-21所示为整熨省道正面。

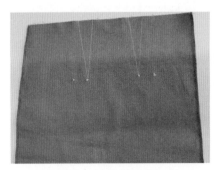
图4-18　标记省道位置

图4-19　缝合省道背面

图4-20　整熨省道背面

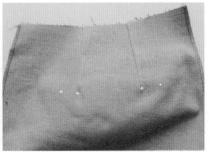
图4-21　整熨省道正面

2. 后单牙兜兜布粘到面料上

剪一条宽4cm的有纺衬条，有胶粒面朝上固定到兜布上，按兜口位置将兜布粘到后片面料背面（视频4-5）。图4-22所示为单牙兜兜布缝合衬条，图4-23所示为单牙兜兜布粘到后片背面。

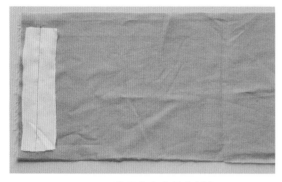

图4-22　单牙兜兜布缝合衬条　　　　　图4-23　单牙兜兜布粘到后片背面

3. 整熨兜牙

兜牙背面粘5cm宽有纺衬，距兜牙上边缘2cm画一条标记线，按标记线的位置对折整熨兜牙。图4-24所示为兜牙粘衬，图4-25所示为兜牙画标记线，图4-26所示为整熨兜牙正面，图4-27所示为整熨兜牙背面。

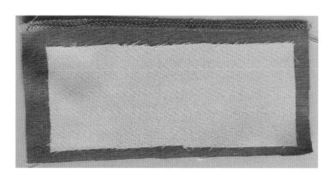

图4-24　兜牙粘衬

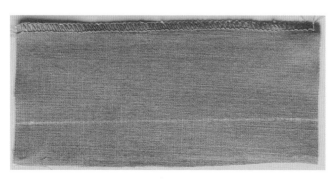

图4-25　兜牙画标记线

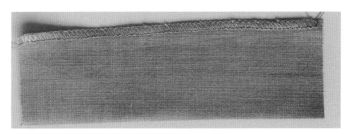

图4-26　整熨兜牙正面

图4-27　整熨兜牙背面

4. 固定兜牙

在后片面料正面标记兜口位置及兜口边界线，在兜牙正面画1cm兜牙宽线和兜口边界线，将兜牙按位置放到面料上，沿兜牙宽线从兜口一端缝合到另一端，起针和止点打倒针固定（视频4-6）。图4-28所示为后片面料标记兜口位置，图4-29所示为兜牙摆放到兜口位置，图4-30所示为兜牙缝合完成图正面，图4-31所示为兜牙缝合完成图背面。

图4-28　后片面料标记兜口位置

图4-29　兜牙摆放到兜口位置

图4-30　兜牙缝合完成图正面

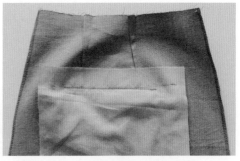

图4-31　兜牙缝合完成图背面

5. 固定垫袋

在垫袋背面画1cm宽线和兜口边界线，将垫袋按位置放到面料上，沿垫带标记线从兜口一端缝合到另一端，起针和止点打倒针固定（视频4-7）。图4-32所示为缝合垫袋完成图，图4-33所示为垫袋、兜牙缝合完成图正面，图4-34所示为垫袋、兜牙缝合完成图背面。

6. 开兜口

沿兜牙和垫袋缝合线中间剪开，在距离兜口1cm位置剪三角，三角剪口要剪到兜口止点位置（视频4-8）。图4-35所示为开兜口。

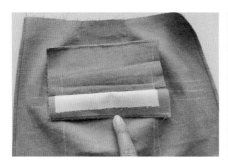

图4-32　缝合垫袋完成图

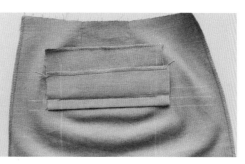

图4-33　垫袋、兜牙缝合完成图正面

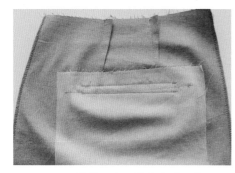

图4-34　垫袋、兜牙缝合完成图背面

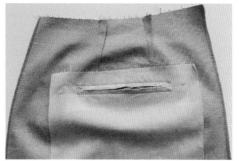

图4-35　开兜口

7. 整熨兜牙

将兜牙和垫袋翻到面料背面，整熨平整。图4-36所示为整熨单牙兜兜牙正面，图4-37所示为整熨单牙兜兜牙背面。

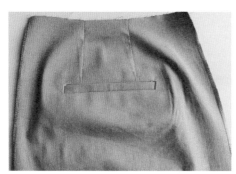

图4-36　整熨单牙兜兜牙正面

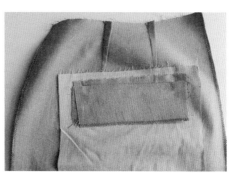

图4-37　整熨单牙兜兜牙背面

8. 封兜口三角

将兜口三角在兜口位置和兜牙、垫袋一起打倒针固定牢固（视频4-9），图4-38所示为封兜口三角。

9. 固定兜牙到兜布上

将兜牙下边缘缝合到兜布上，起针和止点打倒针固定（视频4-10），图4-39所示为固定兜牙到兜布上。

图4-38　**封兜口三角**

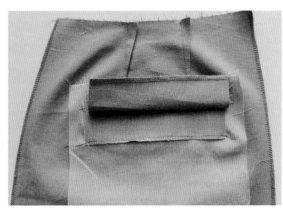

图4-39　**固定兜牙到兜布上**

10. 整熨兜布

兜布两边扣折1cm缝缝熨烫平整，图4-40所示为扣折兜布。

11. 封单牙兜兜口

将兜布对折，兜布上端和面料腰节线对齐，在兜口一端打倒针固定，沿兜口位置封兜布上端，在兜口另一端也打倒针固定（视频4-11）。图4-41所示为封单牙兜兜口。

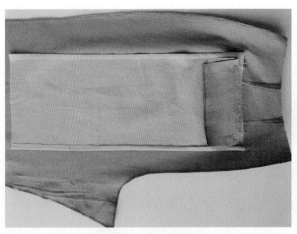

图4-40　**扣折兜布**

图4-41　**封单牙兜兜口**

12. 缝合垫袋到兜布上

将垫袋下边缘缝合到兜布上，起针和止点打倒针固定（视频4-12）。图4-42所示为缝合垫袋到兜布上。

13. 封单牙兜兜布

兜布两边距边0.3cm缝合，起针和止点打倒针固定（视频4-13）。图4-43所示为封单牙兜兜布。

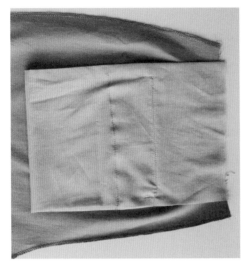 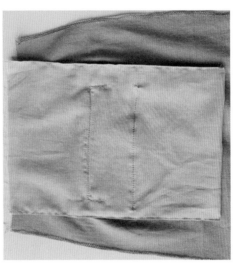

图4-42 缝合垫袋到兜布上　　　　图4-43 封单牙兜兜布

14. 固定兜布与后片腰节线

将兜布上端距边0.5cm缝合到腰节线位置（视频4-14）。图4-44所示为固定兜布与后片腰节位置正面，图4-45所示为固定兜布与后片腰节位置背面。

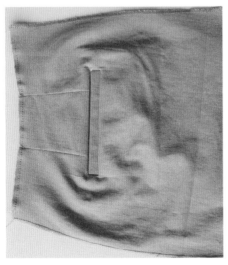 

图4-44 固定兜布与后片腰节位置正面　　　图4-45 固定兜布与后片腰节位置背面

15. 缝合前片褶

前片褶按标记点位置进行缝合，起针和止点打倒针固定。褶缝合完成后向前中心倒进行整熨，褶在臀围线位置附近消失（视频4-15）。图4-46所示为缝合前片褶正面，图4-47所示为缝合前片褶背面，图4-48所示为整熨前片褶。

16. 斜插兜缝合衬条

剪一条宽2cm的有纺衬条，有胶粒面朝上固定在兜布兜口位置（视频4-16）。图4-49所示为前片斜插兜固定衬条。

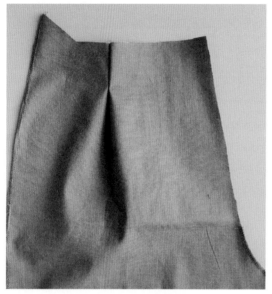
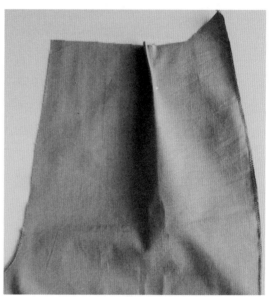

图4-46　缝合前片褶正面　　　　　　　图4-47　缝合前片褶背面

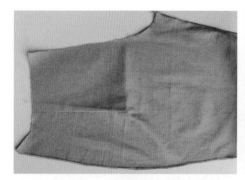
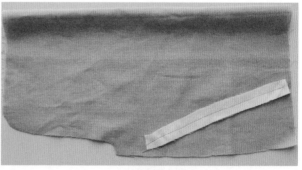

图4-48　整熨前片褶　　　　　　　图4-49　前片斜插兜固定衬条

17. 斜插兜兜布粘到兜口位置

将兜布沿斜插兜兜口位置粘到前片面料背面，图4-50所示为兜布粘到前片兜口位置背面，图4-51所示为兜布粘到前片兜口位置正面。

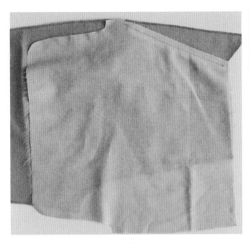

图4-50 兜布粘到前片兜口位置背面

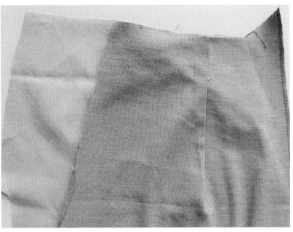

图4-51 兜布粘到前片兜口位置正面

18. 斜插兜兜口压明线

前片面料沿斜插兜兜口线对折熨烫，熨烫完后沿兜口线距边0.7cm压明线并整熨平整（视频4-17）。图4-52所示为熨烫兜口，图4-53所示为兜口压0.7cm明线正面。

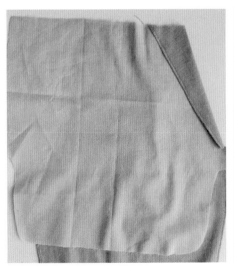

图4-52 熨烫兜口

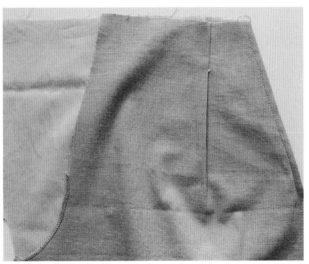

图4-53 兜口压0.7cm明线正面

19. 固定兜贴边到兜布上

将斜插兜贴边距边0.2cm固定到兜布上并整熨平整（视频4-18）。图4-54所示为固定兜贴边到兜布上。

20. 固定垫袋到兜布上

将斜插兜垫袋距兜布边缘0.5cm摆放到兜布上，距垫袋边缘0.2cm固定到兜布上（视频4-19）。图4-55所示为固定斜插兜垫袋到兜布上。

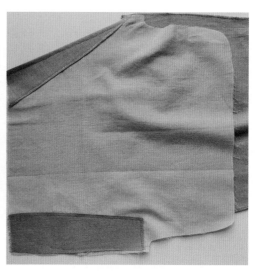

图4-54　固定兜贴边到兜布上　　　　图4-55　固定斜插兜垫袋到兜布上

21. 封兜布

兜布正面和正面相对，距边0.5cm将兜口封牢固，起针和止点打倒针固定，缝合完成后将缝缝修剪到0.3cm，并将兜布翻折整熨（视频4-20）。图4-56所示为封斜插兜兜布，图4-57所示为翻折整熨斜插兜兜布背面，图4-58所示为翻折整熨斜插兜兜布正面。

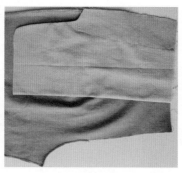
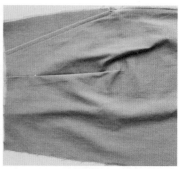

图4-56　封斜插兜兜布　　图4-57　翻折整熨斜插兜兜布背面　图4-58　翻折整熨斜插兜兜布正面

22. 勾兜布

兜布下端距边0.5cm勾兜布，起针和止点打倒针固定，缝合完成后熨烫平整（视频4-21）。图4-59所示为勾兜布。

23. 固定兜布到前片腰节线

兜布、垫袋摆放平整，距腰节线0.5cm将兜布固定在前片面料上（视频4-22）。图4-60所示为固定斜插兜到腰节位置正面，图4-61所示为固定斜插兜到腰节位置背面。

图4-59 勾兜布

图4-60 固定斜插兜到腰节位置正面

图4-61 固定斜插兜到腰节位置
背面

24. 兜口封0.1cm明线

在兜口位置封0.1cm明线，并在明线止点位置打横结固定（视频4-23）。图4-62所示为斜插兜封0.1cm明线。

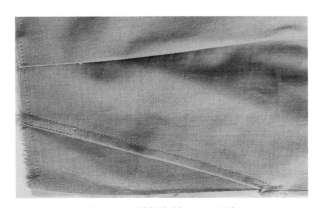
图4-62 斜插兜封0.1cm明线

25. 缝合外侧缝

前片面料和后片面料正面和正面相对，1cm缝缝进行缝合，臀围点、膝围点等需要对位的点按标记点的位置进行对位，起针和止点打倒针固定牢固。缝合完成后缝缝向后片倒进行整熨（视频4-24）。图4-63所示为缝合外侧缝背面，图4-64所示为缝合外侧缝正面。

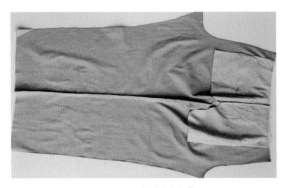
图4-63 缝合外侧缝背面

图4-64 缝合外侧缝正面

26. 缝合兜布与面料侧缝

兜布0.5cm缝缝扣折熨烫，距边0.1cm将兜布前片、后片一起缝合，起针和止点打倒针固定（视频4-25）。图4-65所示为缝合兜布与面料侧缝。

27. 兜口底端打结

在斜插兜兜口底端位置从侧缝到0.7cm明线位置打结固定（视频4-26）。图4-66所示为兜口底端打结。

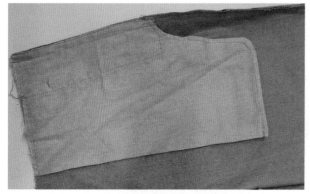

图4-65　缝合兜布与面料侧缝

图4-66　兜口底端打结

28. 缝合内侧缝

前片面料和后片面料正面和正面相对，1cm缝缝进行缝合，需要对位的点按标记点的位置进行对位，起针和止点打倒针固定（视频4-27）。图4-67所示为缝合内侧缝正面，图4-68所示为缝合内侧缝背面。

图4-67　缝合内侧缝正面

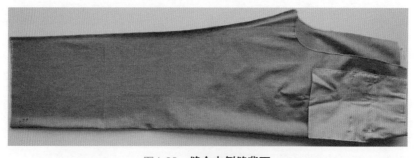

图4-68　缝合内侧缝背面

29. 缝合裆弯线

左右裤腿正面和正面相对，1cm缝缝从拉链止点开始缝合，一直缝合到后中心腰节点、裆弯点、臀围点等需要对位的点按标记点的位置进行对位，起针和止点打倒针固定（视频4-28）。图4-69所示为缝合裆弯线背面，图4-70所示为缝合裆弯线正面。

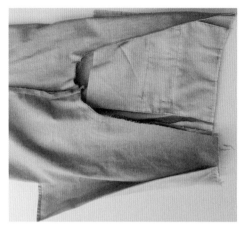 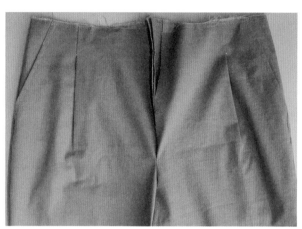

图4-69　缝合裆弯线背面　　　　　　　图4-70　缝合裆弯线正面

30. 整熨裆弯缝缝

裆弯缝缝劈缝熨烫，前门襟拉链位置按1cm缝缝扣折熨烫。图4-71所示为整熨裆弯缝缝前片，图4-72所示为整熨裆弯缝缝后片。

 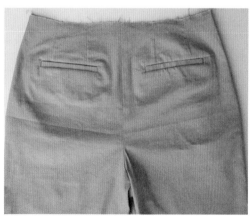

图4-71　整熨裆弯缝缝前片　　　　　　图4-72　整熨裆弯缝缝后片

31. 缝合拉链门襟与前片

拉链门襟与前片正面和正面相对，0.8cm缝缝进行缝合，起针和止点打倒针固定。图4-73所示为缝合拉链门襟与前片正面（视频4-29）。图4-74所示为缝合拉链门襟与前片背面。

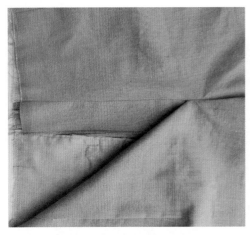

图4-73　缝合拉链门襟与前片正面

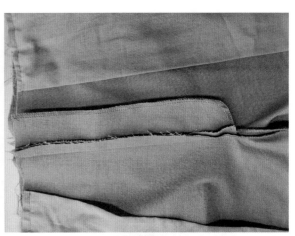

图4-74　缝合拉链门襟与前片背面

32. 拉链门襟压0.1cm明线

拉链门襟缝合完后，在门襟位置压0.1cm明线，起针和止点打倒针固定（视频4-30）。图4-75所示为拉链门襟压0.1cm明线。

33. 拉链固定到底襟上

拉链距底襟边缘0.5cm位置进行摆放，距拉链边缘0.5cm将拉链固定到底襟上（视频4-31）。图4-76所示为固定拉链到底襟上正面，图4-77所示为固定拉链到底襟上背面。

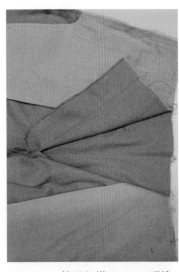

图4-76　固定拉链到底襟上正面

图4-75　拉链门襟压0.1cm明线

图4-77　固定拉链到底襟上背面

34. 缝合拉链底襟与前片

将拉链底襟面料、拉链和前片面料1cm缝缝进行缝合，起针和止点打倒针固定（视频4-32）。图4-78所示为缝合拉链底襟与前片正面，图4-79所示为缝合拉链底襟与前片背面。

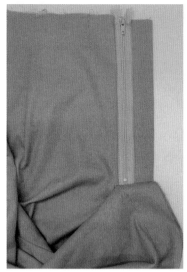

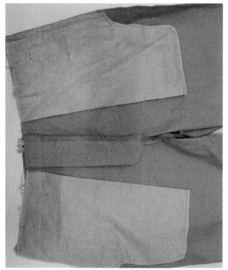

图4-78　缝合拉链底襟与前片正面　　　图4-79　缝合拉链底襟与前片背面

35. 拉链底襟包边

剪3.5cm宽的斜纱条整熨成包边条，从腰节线位置开始一直到底襟弧线位置距包边条0.1cm进行包边，起针和止点打倒针固定（视频4-33）。图4-80所示为拉链底襟包边。

36. 拉链底襟压0.1cm明线

在底襟位置距拉链封边0.1cm压前片面料缝合明线，起针和止点打倒针固定（视频4-34）。图4-81所示为拉链底襟压0.1cm明线。

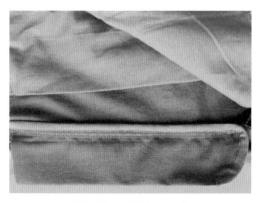
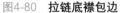
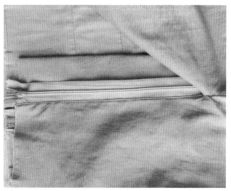

图4-80　拉链底襟包边　　　　　　图4-81　拉链底襟压0.1cm明线

37. 缝合拉链和门襟

为防止拉链错位将前中心左右片用手针固定。在背面将拉链和门襟摆放平整，距拉链边缘0.5cm与拉链、门襟一起缝合，从腰节线位置一直缝合到门襟底部，起针和止点打倒针固定（视频4-35）。图4-82所示为手针固定前中心，图4-83所示为缝合拉链和门襟。

图4-82 手针固定前中心

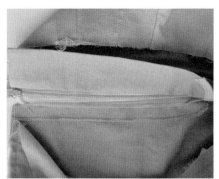

图4-83 缝合拉链和门襟

38. 缝合拉链门襟明线

在前片面料的正面，将门襟的位置先标记出来。按照画的标记线，用缝纫机进行缝合，起针和止点打倒针固定。注意缝合时只缝合前片面料和拉链门襟，底襟不要缝合（视频4-36）。图4-84所示为标记门襟位置，图4-85所示为缝合门襟明线正面，图4-86所示为缝合门襟明线背面。

39. 缝合拉链门襟与底襟

将底襟摆平和前片面料一起从臀围线位置，按门襟明线进行缝合，一直缝合到底襟前中心的位置打倒针固定（视频4-37）。图4-87所示为缝合拉链门襟与底襟。

图4-84 标记门襟位置

图4-85 缝合门襟明线正面

图4-86 缝合门襟明线背面

图4-87 缝合拉链门襟与底襟

40. 制作襻带

襻带四折进行整熨，整熨完成后距边0.1cm压明线，然后裁剪成6根长7.5cm的襻带（视频4-38、视频4-39）。图4-88所示为整熨襻带，图4-89所示为襻带压0.1cm明线，图4-90所示为襻带制作完成图。

图4-88　整熨襻带

图4-89　襻带压0.1cm明线

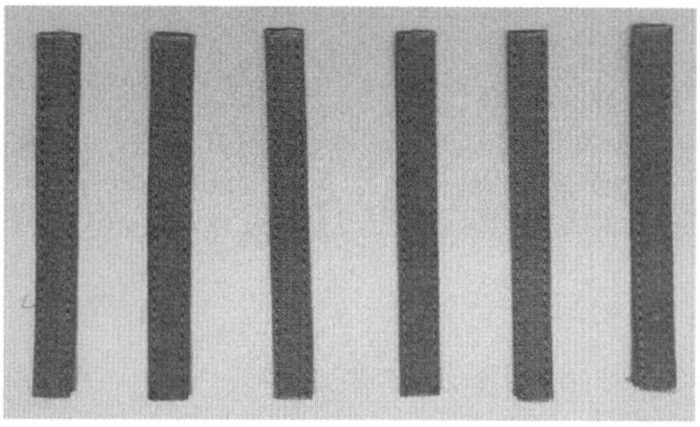

图4-90　襻带制作完成图

41. 固定襻带

第一个襻带在前片褶的位置，第二个在距离后中心2.5cm的位置，第三个在前两个襻带中间位置，左右片对称，将襻带按位置距边0.5cm固定到面料上（视频4-40）。图4-91所示为固定襻带正面，图4-92所示为固定襻带背面。

图4-91　固定襻带正面

图4-92　固定襻带背面

42. 缝合腰面后中心

腰头面料正面和正面相对，后中心1cm缝进行缝合，起针和止点打倒针固定。缝合完成后，缝缝劈缝进行熨烫（视频4-41）。图4-93所示为缝合腰面后中心，图4-94所示为熨烫腰面后中心正面，图4-95所示为熨烫腰面后中心背面。

图4-93　缝合腰面后中心

图4-94　熨烫腰面后中心正面

图4-95　熨烫腰面后中心背面

43. 缝合腰里子后中心

腰里子粘衬，腰头里料正面和正面相对，后中心1cm缝进行缝合，起针和止点打倒针固定。缝合完成后，缝缝劈缝进行熨烫（视频4-42）。图4-96所示为腰里子粘衬，图4-97所示为缝合腰里子后中心，图4-98所示为熨烫腰里子后中心正面，图4-99所示为熨烫腰里子后中心背面。

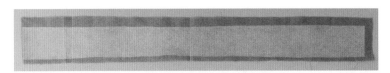

图4-96　腰里子粘衬

图4-97　缝合腰里子后中心

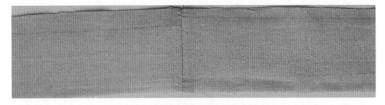

图4-98　熨烫腰里子后中心正面

图4-99　熨烫腰里子后中心背面

44. 缝合腰里子和腰面

腰头的面料和里料正面和正面相对，1cm缝缝进行缝合，缝合完成后缝缝向里料倒进行熨烫（视频4-43）。图4-100所示为缝合腰里子和腰面，图4-101所示为整熨腰头缝缝正面，图4-102所示为整熨腰头缝缝背面。

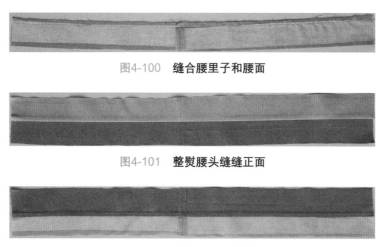

图4-100　**缝合腰里子和腰面**

图4-101　**整熨腰头缝缝正面**

图4-102　**整熨腰头缝缝背面**

45. 腰里子压0.1cm明线

距腰头缝缝0.1cm压腰里子缝合明线，防止腰里子反吐（视频4-44）。图4-103所示为腰里子压0.1cm明线正面，图4-104所示为腰里子压0.1cm明线背面。

图4-103　**腰里子压0.1cm明线正面**

图4-104　**腰里子压0.1cm明线背面**

46. 整熨腰头

腰里子和腰面各熨烫1cm缝缝，然后将腰里子和腰面对折进行熨烫。图4-105所示为整熨腰头背面，图4-106所示为整熨腰头正面。

图4-105　**整熨腰头背面**

图4-106　整熨腰头正面

47. 缝合腰头两端

整熨完成后将腰头翻折到背面，1cm缝缝缝合腰头两端，起针和止点打倒针固定。缝合完成后将腰头翻折到正面进行整熨（视频4-45）。图4-107所示为缝合腰头两端背面，图4-108所示为缝合腰头两端正面，图4-109所示为整熨腰头两端背面，图4-110所示为整熨腰头两端正面。

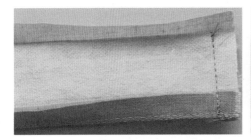

图4-107　缝合腰头两端背面

图4-108　缝合腰头两端正面

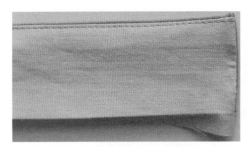

图4-109　整熨腰头两端背面

图4-110　整熨腰头两端正面

48. 缝合腰里子

腰里子正面和衣身面料反面相对，按照所做的标记点进行对位，侧缝点和侧缝点对位，后中心点和后中心点对位1cm缝缝进行缝合，起针和止点打倒针固定。缝合完成后，将缝缝进行整熨（视频4-46）。图4-111所示为缝合腰里子里面，图4-112所示为缝合腰里子后面，图4-113所示为缝合腰里子前面。

图4-111　缝合腰里子里面

图4-112　缝合腰里子后面

图4-113　缝合腰里子前面

49. 缝合腰面

腰头面料和衣身面料按照所做的标记点进行对位，侧缝点和侧缝点对位，后中心点和后中心点对位，距腰头面料褶边0.1cm缝缝进行缝合，起针和止点打倒针固定。缝合完成后，将缝缝进行整熨（视频4-47）。图4-114所示为缝合腰面后面，图4-115所示为缝合腰面前面。

图4-114 缝合腰面后面　　　　　图4-115 缝合腰面前面

50. 固定襻带

襻带下端距腰头缝0.5cm打结固定牢固。襻带上端扣折0.5cm和腰头对齐，距襻带上端0.1cm打结固定牢固（视频4-48、视频4-49）。图4-116所示为固定襻带下端，图4-117所示为固定襻带上端。

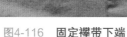 

图4-116 固定襻带下端　　　　　图4-117 固定襻带上端

51. 缝合裤口

距裤口1cm和3cm画两条标记线。按标记线的位置将裤口翻折，先折1cm，再折2cm进行熨烫。熨烫完成后，距裤口折边0.1cm一圈缝合进行固定，起针和止点重合2cm（视频4-50）。图4-118所示为标记裤口缝缝，图4-119所示为整熨裤口缝缝正面，图4-120所示为整熨裤口缝缝背面，图4-121所示为缝合裤口背面，图4-122所示为缝合裤口正面。

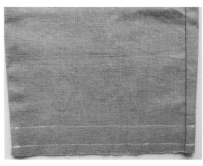 

图4-118 标记裤口缝缝　　　　　图4-119 整熨裤口缝缝正面

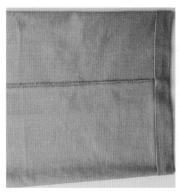

图4-120　整熨裤口缝缝背面

图4-121　缝合裤口背面

图4-122　缝合裤口正面

52. 裤子缝合完成图（图4-123、图4-124）

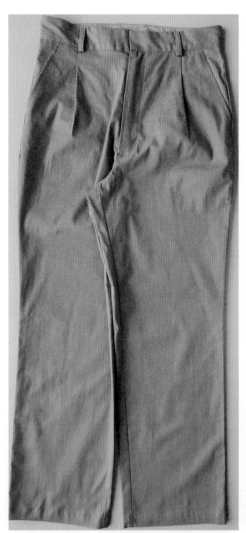

图4-123　裤子缝合完成图正面

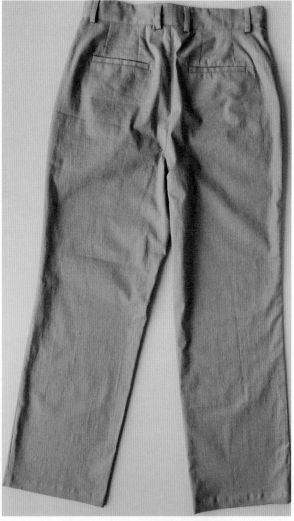

图4-124　裤子缝合完成图背面

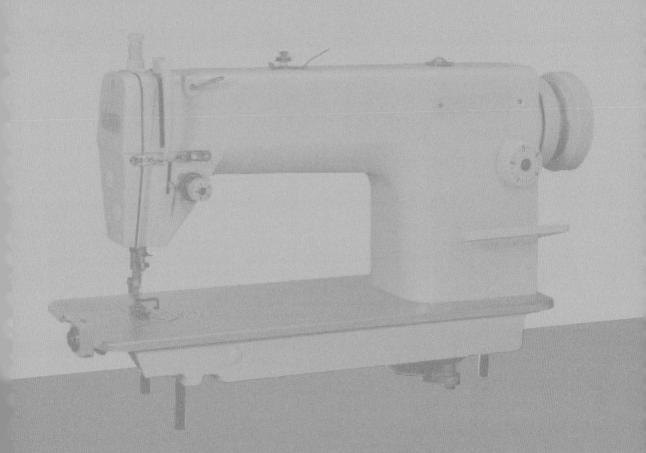

第五章

女衬衫制板与缝纫

第一节　女衬衫制板

一、款式特征描述（图5-1）

① 一片袖，立领。

② 前片两个腰省，后片两个腰省。

③ 胸围加放8cm放松量。

④ 合体结构。

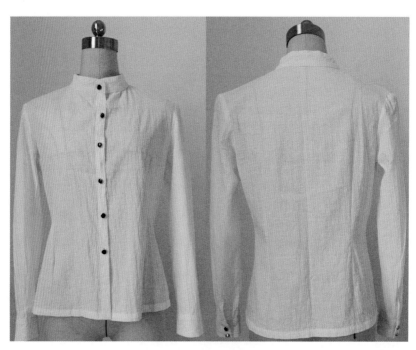

图5-1　女衬衫款式特征

二、成品规格

160/84A
单位：cm

制图部位	衣长L	腰节长	胸围B	肩宽S	袖长SL	袖口宽	领围N
成品尺寸	65	40	92	40	55	15	40

三、制板过程

（一）女衬衫后片制板（视频5-1、图5-2）

① 绘制基础线、上平线、下平线，基础线长为Lcm，上平线、下平线垂直于基础线。

② 绘制腰节线，距离上平线距离为腰节长。

③ 绘制袖窿深线，距离上平线距离为$B/5+1$cm。

④ 绘制后侧缝辅助线，后胸围宽为$B/4-1$cm。

⑤ 绘制后领口辅助线，后领宽$N/5-1$cm，后领深2.5cm。

⑥ 绘制后领口弧线。

⑦ 绘制后肩斜线，距离前中心线$S/2$cm找后肩点，从后肩点下落3cm，连接3cm点与后领宽点。

⑧ 绘制后背宽线，后背宽$B/5-1$cm。

⑨ 绘制后袖窿弧线，过后肩点、后袖窿深线1/3等分点、后胸围宽点。

⑩ 绘制侧缝弧线，腰节线收2cm。

⑪ 绘制后腰省，省道大小为2.5cm，后腰省位置在后腰节线中点，垂直胸围线，腰节线下13cm，胸围线上4cm。

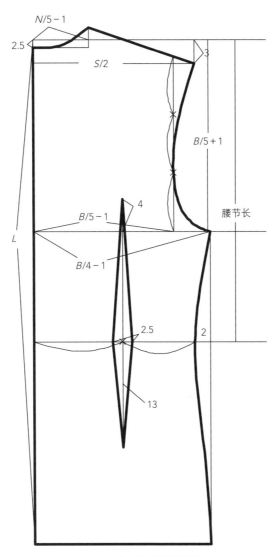

图5-2　**女衬衫后片制板**

（二）女衬衫前片制板（视频5-2、图5-3）

① 延长后片上平线、袖窿深线。

② 后片腰节线下落2cm并延长，下平线下落2cm并延长。

③ 绘制前中心线。

④ 绘制前侧缝辅助线，前胸围宽为B/4+1cm。

⑤ 绘制前领口辅助线，前领宽N/5－1cm，前领深N/5+1cm。

⑥ 绘制前领口弧线。

⑦ 绘制前肩斜线，距离前中心线S/2cm找前肩点，从前肩点下落5cm，连接5cm点与前领宽点。

⑧ 绘制前胸宽线，前胸宽B/5－1.5cm。

⑨ 绘制前袖窿弧线，过前肩点、前袖窿深线1/4等分点、前胸围宽点。

⑩ 绘制侧缝弧线，腰节线收2cm，在下摆线位置上抬2cm外延2cm。

⑪ 修正下摆弧线。

⑫ 绘制搭门宽1.5cm。

⑬ 绘制前腰省，腰省大小为2.5cm，位置在腰节线中点，垂直腰节线，腰节线下12cm。

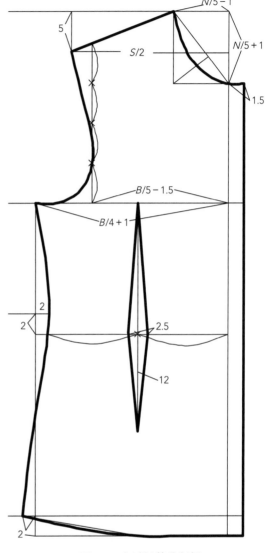

图5-3　女衬衫前片制板

（三）袖子制板（视频5-3、图5-4）

① 绘制袖中线，袖中线长为袖长。

② 绘制袖子落山线，垂直袖中线，袖山高为AH/3cm。

③ 绘制前后袖斜线，前袖斜线长为前袖窿弧长，后袖斜线长为后袖窿弧长+0.5cm。

④ 绘制袖山弧线，在前后袖斜线上找几个控制点，过控制点绘制袖山弧线。

⑤ 绘制袖口线，袖上点上抬5cm。

⑥ 绘制袖肘线，袖长中点下落2.5cm。

⑦ 绘制内外侧缝线辅助线。

⑧ 绘制袖侧缝弧线，在袖轴线上收1cm。

⑨ 绘制袖克夫，长为袖口宽、宽5cm。

（四）领子制板（视频5-4、图5-5）

① 绘制领底辅助线，长为$N/2$cm。

② 绘制后领中心辅助线，长3.5cm。

③ 找领子起翘点，2cm。

④ 找领角点，3cm。

⑤ 找领宽点，3.5cm。

⑥ 绘制起翘、领角辅助线。

⑦ 绘制领底弧线、领面弧线。

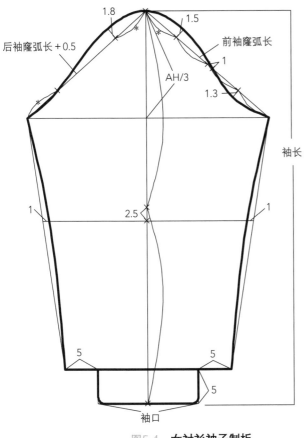

图5-4 **女衬衫袖子制板**

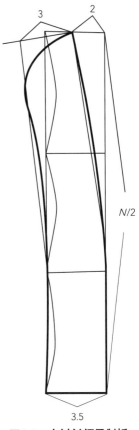

图5-5 **女衬衫领子制板**

（五）女衬衫结构完成图（图5-6）

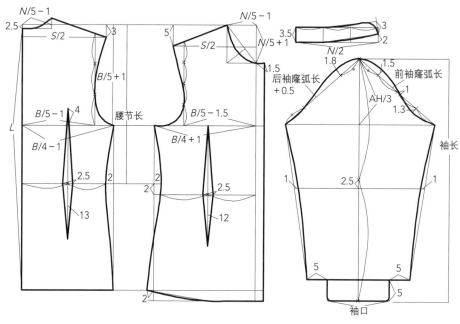

图5-6　女衬衫结构完成图

第二节　女衬衫放缝与排料

一、女衬衫净板（图5-7）

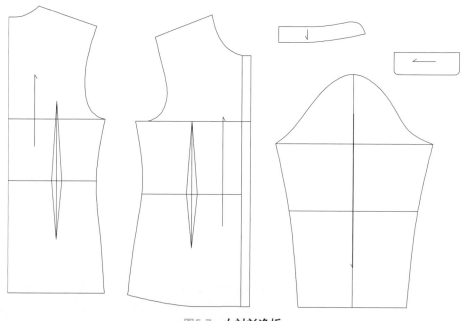

图5-7　女衬衫净板

二、女衬衫放缝图（图5-8）

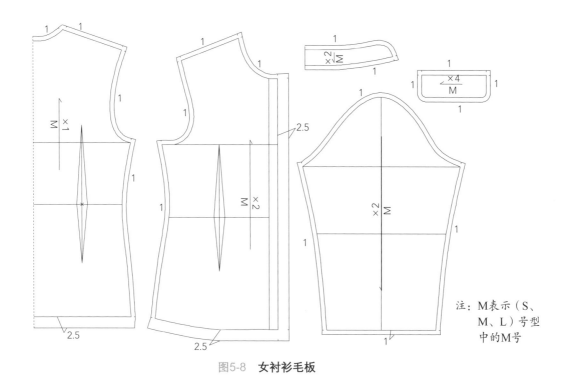

注：M表示（S、M、L）号型中的M号

图5-8 女衬衫毛板

三、女衬衫排料图（图5-9）

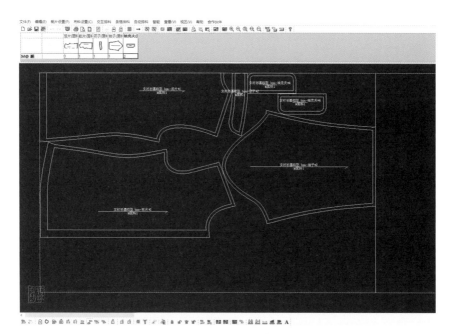

图5-9 女衬衫排料图

女衬衫缝制工艺流程如图5-10所示。

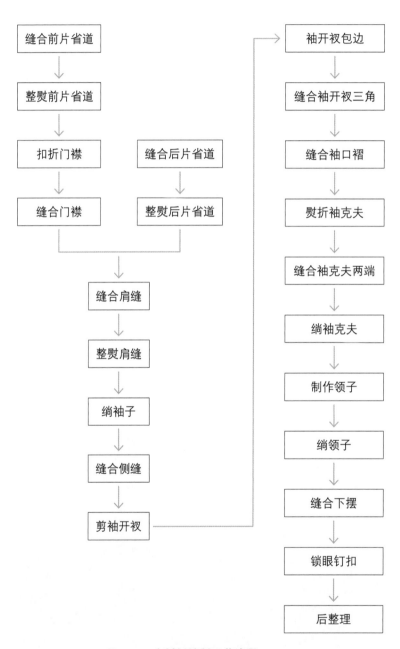

图5-10 **女衬衫缝制工艺流程**

第四节　**女衬衫缝纫方法与步骤**

一、衬衫面料准备

前片2片、后片1片、袖子2片、领子2片、袖克夫2片，面料裁剪完成图如图5-11所示。

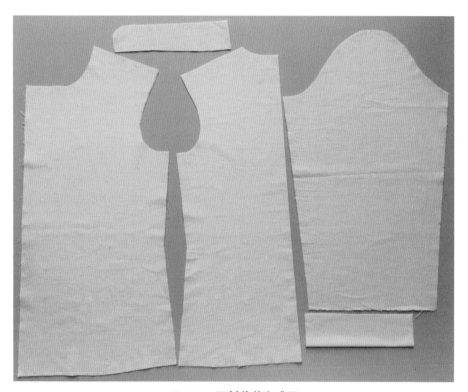

图5-11　**面料裁剪完成图**

二、衬衫缝制工艺流程

1.缝合前片省道

按照前片省道线钉标记出省道线，按照标记的省道线从一侧省尖点缝合到另一侧省尖点，在省尖点位置打结固定（视频5-5）。图5-12所示标记前片省道位置，图5-13所示缝合前片省道。

图5-12　**标记前片省道位置**

图5-13　**缝合前片省道**

2. 整熨前片省道

前片腰省倒向侧缝进行整熨，在臀部和胸部省尖部位进行归拔熨烫。图5-14所示整熨前片省道背面，图5-15所示整熨前片省道正面。

图5-14　整熨前片省道背面　　　　　　　　图5-15　整熨前片省道正面

3. 扣折门襟

门襟按预留缝缝先折1cm，再折1.5cm进行熨烫。图5-16所示扣折门襟背面，图5-17所示扣折门襟正面。

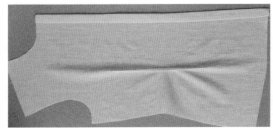 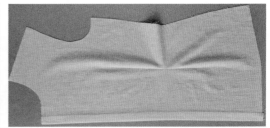

图5-16　扣折门襟背面　　　　　　　　图5-17　扣折门襟正面

4. 缝合门襟

距扣折门襟折边0.1cm进行缝合，起针与止点打倒针固定，门襟要顺直不能出现纱向歪斜（视频5-6）。图5-18所示缝合门襟背面，图5-19所示缝合门襟正面。

 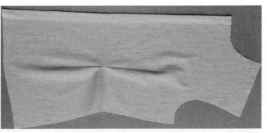

图5-18　缝合门襟背面　　　　　　　　图5-19　缝合门襟正面

5. 缝合后片省道

按照后片省道线钉标记出省道线，按照标记的省道线从一侧省尖点缝合到另一侧省尖点，在省尖点位置打结固定（视频5-7）。图5-20所示标记后片省道，图5-21所示缝合后片省道背面，图5-22所示缝合后片省道正面。

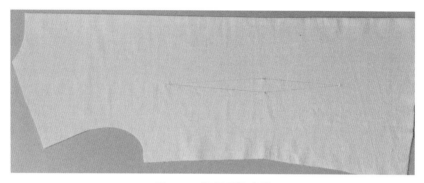

图5-20　标记后片省道

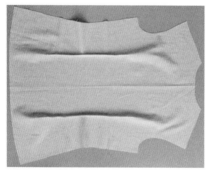

图5-21　缝合后片省道背面

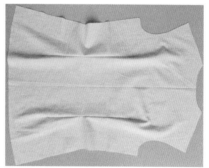

图5-22　缝合后片省道正面

6. 整熨后片省道

后片腰省倒向侧缝进行整熨，在臀部和胸部省尖部位进行归拔熨烫。图5-23所示整熨后片省道背面，图5-24所示整熨后片省道正面。

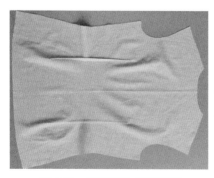

图5-23　整熨后片省道背面

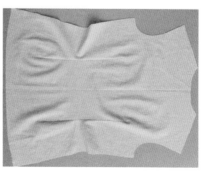

图5-24　整熨后片省道正面

7. 缝合肩缝

前后片面料正面与正面相对，肩点对位，侧颈点对位，1cm缝缝进行缝合，起针与止点打倒针固定。肩缝缝合完成后两片一起码边，肩缝向后片倒缝进行熨烫（视频5-8）。图5-25所示缝合肩缝，图5-26所示整熨肩缝正面，图5-27所示整熨肩缝背面。

图5-25　**缝合肩缝**

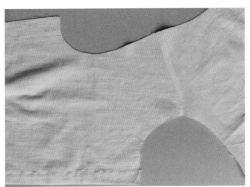

图5-26　**整熨肩缝正面**

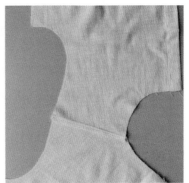

图5-27　**整熨肩缝背面**

8. 绱袖子

衣身面料和袖子面料正面和正面相对，袖子和衣身对位1cm缝缝进行缝合，起针和止点打倒针固定。袖子的吃量要均匀分布在袖山部位，不能出现褶皱，缝合完成后袖窿码边（视频5-9）。图5-28所示绱袖子背面，图5-29所示绱袖子正面。

图5-28　**绱袖子背面**

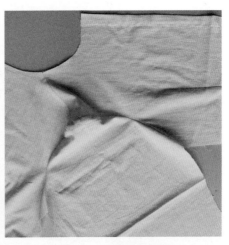

图5-29　**绱袖子正面**

9. 缝合侧缝

衣身面料正面和正面相对，下摆点、腰节线、腋下点、袖肘线和袖口点按标记点的位置进行对位，1cm缝缝进行缝合，起针和止点打倒针固定，缝合完成后侧缝码边（视频5-10）。图5-30所示缝合侧缝背面，图5-31所示缝合侧缝正面。

图5-30　**缝合侧缝背面**　　　　　　图5-31　**缝合侧缝正面**

10. 剪袖开衩

在袖开衩的位置粘1cm宽的无纺衬条，沿开衩标记点位置在衬条中间剪开。图5-32所示袖开衩粘衬，图5-33所示剪袖开衩。

 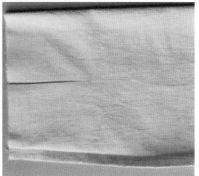

图5-32　**袖开衩粘衬**　　　　　　图5-33　**剪袖开衩**

11. 袖开衩包边

沿45°斜纱向剪一条宽3.2cm的面料，面料四折进行熨烫。包边条熨烫完成后夹袖开衩距边0.1cm缝缝进行包边（视频5-11）。图5-34所示熨烫包边条，图5-35所示袖开衩包边。

图5-34　**熨烫包边条**

图5-35　袖开衩包边

12. 缝合袖开衩三角

袖开衩包边完成后在开衩底端将包边条三角打倒针进行缝合固定（视频5-12）。图5-36所示固定袖开衩三角背面，图5-37所示固定袖开衩三角正面。

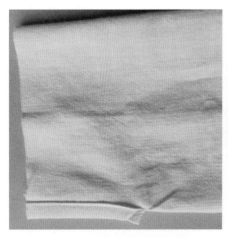

图5-36　固定袖开衩三角背面

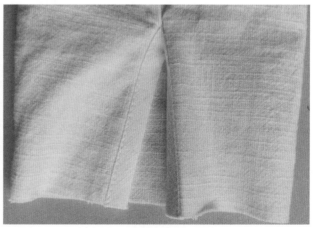

图5-37　固定袖开衩三角正面

13. 缝合袖口褶

按袖口褶标记点位置缝合袖口褶，起针和止点打倒针固定。缝合完成后褶向后袖倒进行熨烫（视频5-13）。图5-38所示缝合袖口褶，图5-39所示整熨袖口褶正面，图5-40所示整熨袖口褶背面。

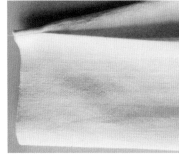
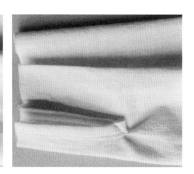

图5-38　缝合袖口褶　　　　图5-39　整熨袖口褶正面　　　　图5-40　整熨袖口褶背面

14. 熨折袖克夫

袖克夫粘无纺衬，袖克夫先对折熨烫，再将袖克夫1cm缝缝扣折熨烫。图5-41所示袖克夫粘衬，图5-42所示熨折袖克夫。

图5-41　袖克夫粘衬

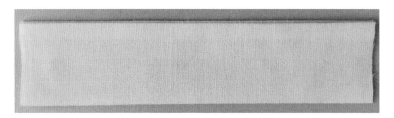

图5-42　熨折袖克夫

15. 缝合袖克夫两端

袖克夫两端1cm缝缝进行缝合，缝合时袖克夫里襟1cm缝缝打开，起针和止点打倒针固定。缝合完成后将袖克夫翻到正面进行整熨（视频5-14）。图5-43所示缝合袖克夫两端，图5-44所示整熨袖克夫背面，图5-45所示整熨袖克夫正面。

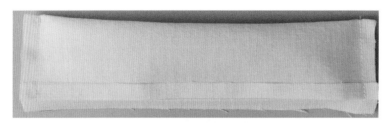

图5-43　缝合袖克夫两端

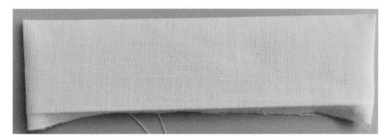

图5-44　整熨袖克夫背面

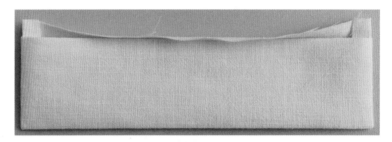

图5-45　整熨袖克夫正面

16. 绱袖克夫

　　袖克夫里襟正面和袖口面料背面相对，1cm缝缝进行缝合，需要对位点按标记点的位置进行对位，起针和止点打倒针固定（视频5-15）。图5-46所示绱袖克夫背面，图5-47所示绱袖克夫正面。

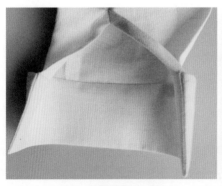

图5-46　绱袖克夫背面

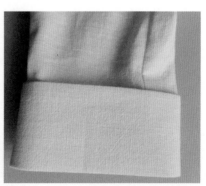

图5-47　绱袖克夫正面

17. 袖克夫压0.1cm明线

袖克夫正面距边0.1cm压明线，将袖克夫面料和袖口固定，起针和止点打倒针固定（视频5-16）。图5-48所示袖克夫压0.1cm明线背面，图5-49所示袖克夫压0.1cm明线正面。

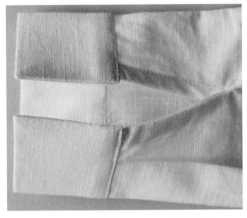
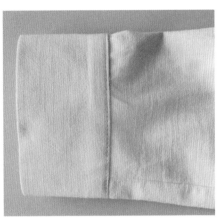

图5-48　**袖克夫压0.1cm明线背面**　　　图5-49　**袖克夫压0.1cm明线正面**

18. 制作领子

领面粘无纺衬，领面和领底面料正面和正面相对1cm缝缝进行缝合，将领面和领底缝合在一起，起针和止点打倒针固定（视频5-17）。图5-50所示领面粘衬，图5-51所示缝合领面和领底。

图5-50　**领面粘衬**

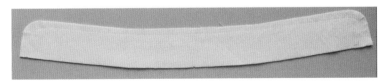

图5-51　**缝合领面和领底**

19. 整熨领子

领面和领底缝合完成后先将领子翻折到正面进行熨烫，然后将领底弧线1cm缝缝扣折熨烫。图5-52所示整熨领子，图5-53所示熨烫领子缝缝。

图5-52　整熨领子

图5-53　熨烫领子缝缝

20. 绱领子

将领底正面和衣身面料反面相对，按标记点的位置进行对位，1cm缝缝进行缝合，起针和止点打倒针固定（视频5-18）。图5-54所示绱领子正面，图5-55所示绱领子背面。

图5-54　绱领子正面

图5-55　绱领子背面

21. 领子压0.1cm明线

领底缝合完后，领面一圈压0.1cm明线，将领面和衣身进行固定，起针和止点位置重合2cm可以不用打倒针（视频5-19）。图5-56所示领子压0.1cm明线，图5-57所示绱领子完成图。

图5-56　领子压0.1cm明线

图5-57　绱领子完成图

22. 缝合下摆

衬衫下摆先折1cm再折2cm进行熨烫，熨烫完后距折边0.1cm缝合下摆，起针和止点打倒针固定（视频5-20）。图5-58所示扣折下摆缝缝，图5-59所示缝合下摆。

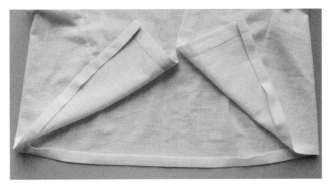

图5-58　扣折下摆缝缝

图5-59　缝合下摆

23. 衬衫缝制完成图（图5-60、图5-61）

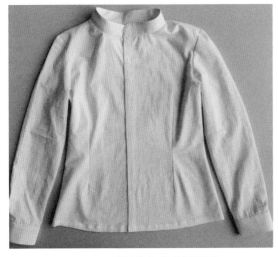

图5-60　衬衫缝合完成图正面

图5-61　衬衫缝合完成图背面

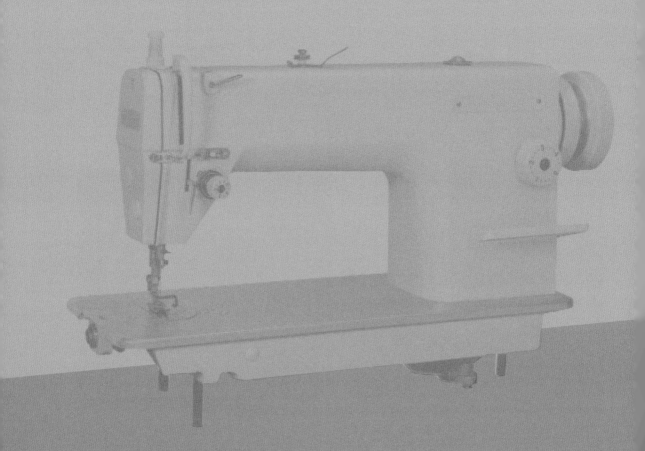

第六章

女西服制板与
缝纫

第一节　女西服制板

一、款式特征描述（图6-1）

① 四开身公主线分割结构。

② 合体，翻领，两粒扣。

③ 前身两个带兜盖双牙袋。

④ 两片袖，袖口假开衩。

图6-1　**女西服款式特征**

二、成品规格

165/84A

单位：cm

制图部位	胸围B	背长	衣长L	领围N	肩宽S	袖长SL	领座	领面
成品尺寸	88+10	38	65	40	38	58	2.5	3.5

三、制板过程

（一）衣身原型制板（视频6-1、视频6-2、图6-2）

① 绘制基础线、上平线、下平线，基础线长为背长，上平线、下平线长为$B/2+5cm$。

② 长方形，宽为$B/2+5cm$、长为背长。

③ 绘制袖窿深线，距上平线$B/6 + 7cm$，垂直于基础线。

④ 绘制胸宽线，距基础线$B/6 + 3cm$，垂直于袖窿深线。

⑤ 绘制背宽线，距基础线$B/6 + 4.5cm$，垂直于袖窿深线。

⑥ 绘制后领宽，距后中心点$B/20 + 2.9cm$。

⑦ 绘制后领深，过后领宽点，垂直于上平线，长度为后领宽$/3cm$。

⑧ 绘制前领宽，距前中心点的距离为后领宽$- 0.2cm$。

⑨ 绘制前领深，在前中心线上向下量取后领宽$+ 1cm$。

⑩ 绘制前肩线，为后肩线$- 1.8cm$。

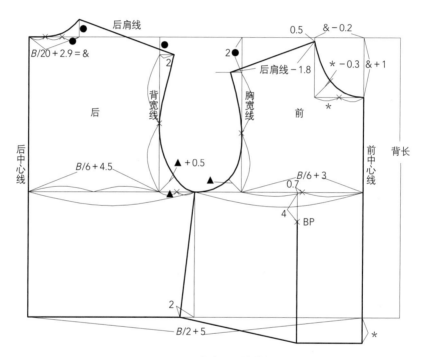

图6-2　衣身原型制板

（二）女西服后片制板（视频6-3、图6-3）

① 延长背长线至衣长65cm。

② 延长侧缝。

③ 绘制后片下摆线。

④ 后领口开大0.5cm。

⑤ 后肩宽取$S/2 = 19.5cm$。

⑥ 后肩点上抬0.8cm。

⑦ 后袖窿深下落1cm。

⑧ 绘制后背宽线，肩点进2cm。

⑨ 绘制袖窿辅助线。

⑩ 绘制袖窿弧线。

⑪ 修正后中心线，腰节线收1.5cm，下摆线收1.5cm。

⑫ 修正侧缝弧线，腰节线上收1.5cm。

⑬ 侧缝起翘0.5cm。

⑭ 标记后腰省位置。

⑮ 绘制后腰省。

（三）女西服前片、领子制板（视频6-4、视频6-5、图6-4）

① 延长前中心线。

② 绘制前片下摆线。

③ 绘制前片侧缝线。

④ 前领口开大1cm。

⑤ 取前肩线长＝后肩线长－0.5cm。

⑥ 前肩点上抬0.5cm。

⑦ 前袖窿深下落1.5cm。

⑧ 绘制前胸宽线。

⑨ 绘制前袖窿弧线。

⑩ 修正侧缝弧线。

⑪ 前下摆起翘0.5cm。

⑫ 标记前腰省位置。

⑬ 绘制前腰省。

⑭ 绘制前侧缝省。

⑮ 绘制搭门宽2.5cm。

⑯ 绘制串口线。

⑰ 找翻驳基点，距侧颈点1.7cm。

⑱ 绘制翻驳线。

⑲ 绘制领面弧线。

⑳ 绘制领底辅助线。

㉑ 绘制领座宽点2.5cm。

㉒ 绘制领面宽点3.5cm。

㉓ 绘制领角。

㉔ 绘制领底弧线。

㉕ 绘制翻领线。

㉖ 绘制兜位。

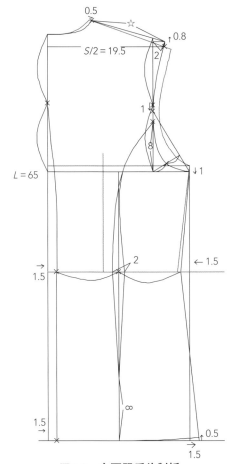

图6-3 **女西服后片制板**

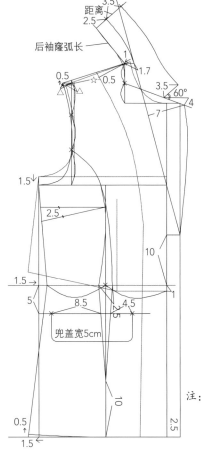

图6-4 **女西服前片制板**

（四）女西服袖子制板（视频6-6、图6-5）

① 绘制袖中线，长度为袖长。

② 绘制袖落山线，取袖山高$B/10 + 9cm$找一点垂直袖中线作袖落山线。

③ 绘制前后袖斜线，前袖斜线＝前袖窿弧长，后袖斜线＝后袖窿弧长＋0.5cm。

④ 绘制袖山弧线，在前后袖斜线上找几个控制点，按控制点绘制。

⑤ 绘制袖口线，过袖口点垂直袖中线绘制。

⑥ 绘制袖肘线，平行于落山线，距离袖山顶点：袖长/2 + 3cm。

⑦ 绘制袖辅助线，将前后落山等分，过等分点作垂线到袖口线。

⑧ 绘制大袖辅助线。

⑨ 袖口宽点，过前侧缝辅助线点，在袖口线上量取长度为袖口宽找袖口点，连接袖口点和后落山等分点。

⑩ 绘制大袖内外侧缝弧线。

⑪ 绘制小袖辅助线。

⑫ 绘制小袖内外侧缝弧线。

⑬ 绘制小袖山弧线。

⑭ 修正袖口线，后侧缝下落1cm，前侧缝上抬0.6cm。

⑮ 绘制袖口开衩。

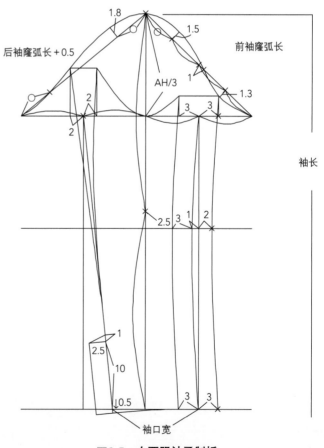

图6-5　**女西服袖子制板**

（五）女西服绘制完成图（图6-6）

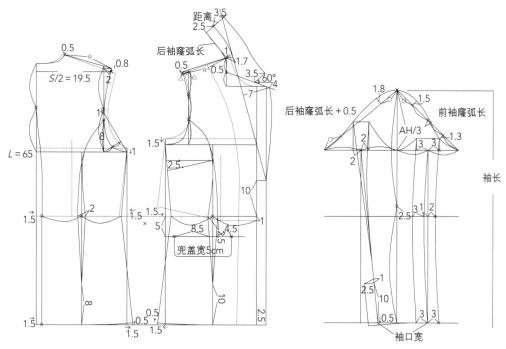

注：1. 前袖窿弧长＝22cm，后袖窿弧长＝24cm；

2. 距离＝领座＋松度，松度＝$\frac{1}{2}$（领面－领座）＋2cm

图6-6　**女西服绘制完成图**

第二节　女西服放缝与排料

一、女西服净板（图6-7）

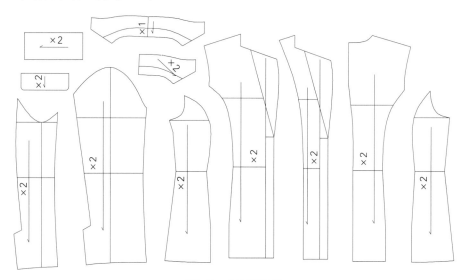

图6-7　**女西服净板**

二、女西服放缝

1. 女西服面料放缝图（图6-8）

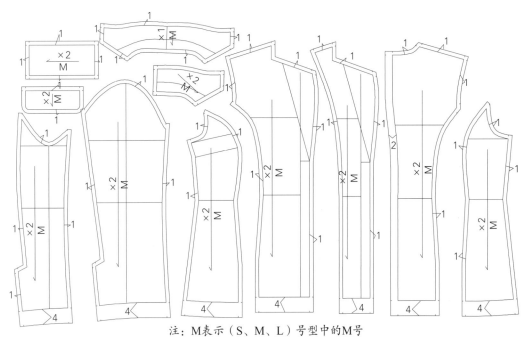

注：M表示（S、M、L）号型中的M号

图6-8　面料放缝图

2. 女西服里料放缝图（图6-9）

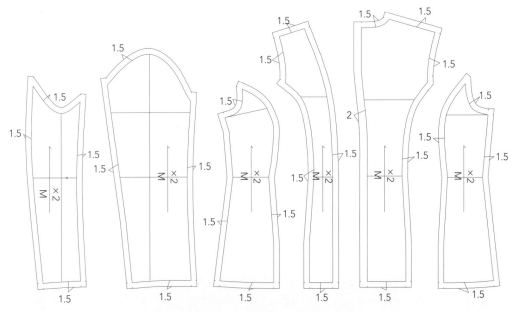

注：M表示（S、M、L）号型中的M号

图6-9　里料放缝图

三、女西服排料图

1. 面料排料图（图6-10）

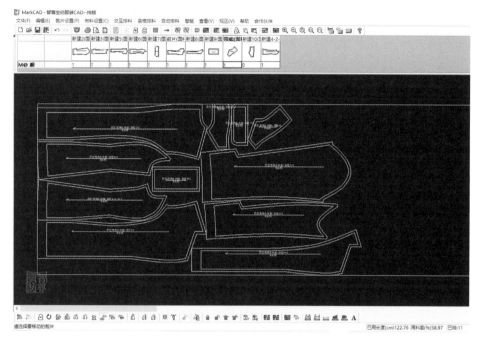

图6-10　面料排料图

2. 里料排料图（图6 -11）

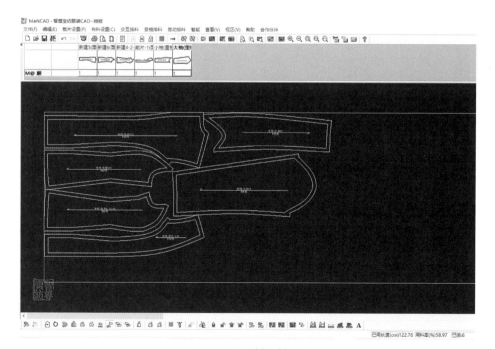

图6-11　里料排料图

第三节 女西服缝制工艺流程

女西服的缝制工艺流程如图6-12所示。

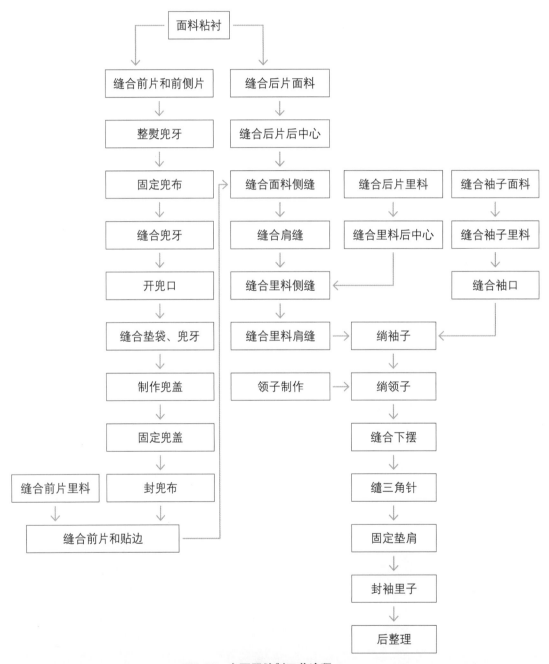

图6-12 **女西服缝制工艺流程**

第四节　女西服缝纫方法与步骤

一、材料的准备

1. 面料的准备

按放缝的面料样板进行裁剪，需要标记的位置打线钉或剪口，面料裁剪完成图如图6-13所示。

2. 里料的准备

按里料放缝图进行裁剪，需要标记的位置打线钉或剪口，里料裁剪完成图如图6-14所示。

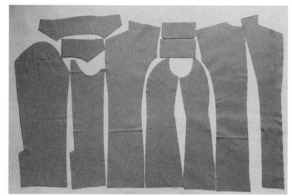

图6-13　**面料裁剪完成图**

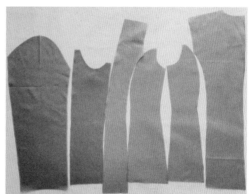

图6-14　**里料裁剪完成图**

3. 面料粘有纺衬

面料厚度不同，粘衬的部位也不同。此款面料属于春夏款相对较薄，粘衬也相对较少。图6-15所示面料粘有纺衬。

图6-15　**面料粘有纺衬**

二、缝制工艺流程

1. 缝合前片和前侧片

面料正面和正面相对，1cm缝缝进行缝合，起针和止点打倒针固定牢固，需要对位的点按标记点的位置进行对位（视频6-7）。图6-16所示缝合前片和前侧片背面，图6-17所示缝合前片和前侧片正面。

图6-16　缝合前片和前侧片背面　　　　　　　图6-17　缝合前片和前侧片正面

2. 整熨

劈缝熨烫前片，在有弧线位置可在缝缝上打剪口以保证整熨平整。图6-18所示面料前片整熨完成图背面，图6-19所示面料前片整熨完成图正面。

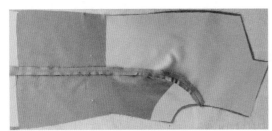

图6-18　面料前片整熨完成图背面　　　　　　图6-19　面料前片整熨完成图正面

3. 整熨兜牙

兜牙距边1cm做标记线，再在距离1cm线2cm做标记线，按照标记线进行熨烫（视频6-8）。图6-20所示标记兜牙，图6-21所示熨烫兜牙。

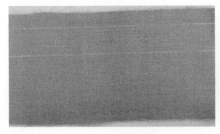
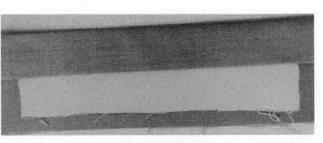

图6-20　标记兜牙　　　　　　　　　图6-21　熨烫兜牙

4. 固定兜布

剪宽3cm、长16cm的有纺衬，有胶粒面朝上固定在兜布上。将带有有纺衬的兜布按照兜口位置熨烫固定在面料背面，兜布距离兜口两端位置左右相等（视频6-9）。图6-22所示兜布固定有纺衬，图6-23所示固定兜布。

 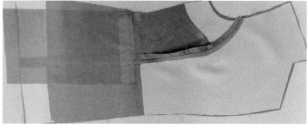

图6-22　兜布固定有纺衬　　　　　　　　　　　图6-23　固定兜布

5. 缝合兜牙

在面料正面按照兜口标记点画标记线（视频6-10）。将熨烫好的兜牙按照标记线位置摆放，兜牙宽0.5cm，从兜口起点到终点缉线，两端打倒针固定。兜牙缝合完后检查兜牙缝合是否宽窄一致，从背面看应是两条长度相等、间隔1cm的平行线（视频6-11）。图6-24所示标记兜口位置，图6-25所示缝合兜牙正面，图6-26所示缝合兜牙背面。

 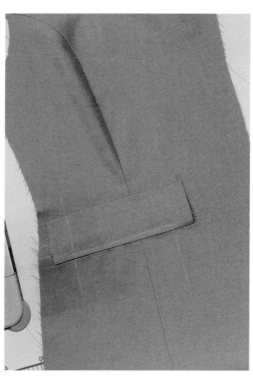 

图6-24　标记兜口位置　　　　　图6-25　缝合兜牙正面　　　　　图6-26　缝合兜牙背面

6. 开兜口、封兜口三角

沿兜牙中间线剪开兜牙和面料，在距离兜口1cm位置兜牙单层剪开，面料在兜口位置剪开成三角形（视频6-12）。将兜牙翻折到面料背面，将面料三角和兜牙固定牢固，注意兜牙固定时既不能重叠也不能开口，要平整对齐（视频6-13）。图6-27所示开兜口，图6-28所示封兜口三角。

图6-27　开兜口　　　　　　　　　　　　图6-28　封兜口三角

7. 缝合兜牙、垫袋到兜布上

兜牙下端折0.5cm熨烫，距兜牙下端0.1cm进行车缝，两端打倒针固定。垫袋下端折0.5cm熨烫，垫袋上端与兜布对齐，距垫袋下端0.1cm进行车缝，两端打倒针固定（视频6-14、视频6-15）。图6-29所示缝合兜牙和兜布，图6-30所示固定垫袋和兜布。

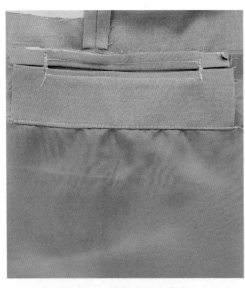
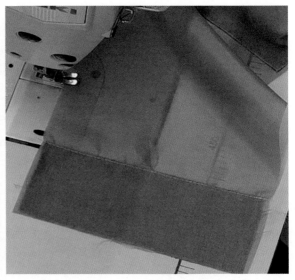

图6-29　缝合兜牙和兜布　　　　　　　　图6-30　固定垫袋和兜布

8. 制作兜盖

兜盖面料和里料正面和正面相对1cm缝缝进行缝合，缝合完成后按兜盖形状进行熨烫，为防止里料反吐，在熨烫时可将面料向里料层虚0.1cm（视频6-16）。图6-31所示兜盖正面，图6-32所示兜盖背面。

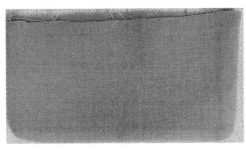

图6-31　兜盖正面

图6-32　兜盖背面

9. 固定兜盖

将兜盖按宽度线摆放在兜口位置，并在背面进行缝合固定（视频6-17）。图6-33所示固定兜盖。

10. 封兜布

兜布对折，距边1cm缝缝缝合兜的三个边，起针和止点打倒针固定，为使兜口更加牢固，在兜口三角和兜口上端再车缝进行固定（视频6-18）。图6-34所示封兜布。

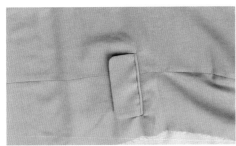

图6-33　固定兜盖

图6-34　封兜布

11. 缝合前片里料

里料正面和正面相对，1cm缝缝进行缝合，起针和止点打倒针固定。缝合完成后进行熨烫，里料倒缝并虚0.1cm熨烫。图6-35所示缝合前片里料，图6-36所示前片里料整熨完成图。

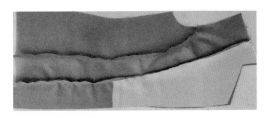

图6-35　缝合前片里料

图6-36　前片里料整熨完成图

12. 缝合前片和贴边

前片和贴边正面和正面相对，1cm缝缝从前中心点到下摆进行缝合，起针和止点打倒针固定。缝合完成后缝缝在翻领止点打剪口，翻领止点到前中心点缝缝向面料倒，翻领止点到下摆缝缝向贴边倒进行熨烫（视频6-19）。为防止翻领底层和贴边反吐，压缝缝车缝0.1cm明线，从前中心点开始压面料车缝，在翻领止点不断线转到贴边上进行车缝，一直到下摆（视频6-20）。车缝完成后整熨前止口。图6-37所示贴边压0.1cm明线背面，图6-38所示贴边压0.1cm明线正面，图6-39所示整熨前止口背面，图6-40所示整熨前止口正面。

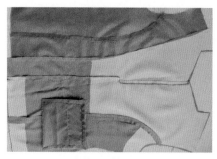

图6-37 贴边压0.1cm明线背面

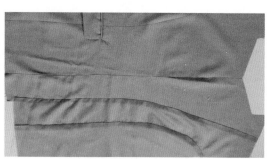

图6-38 贴边压0.1cm明线正面

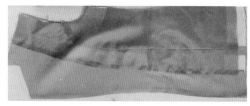

图6-39 整熨前止口背面

图6-40 整熨前止口正面

13. 缝合后片面料

后片面料正面和正面相对，1cm缝缝进行缝合，需要对位点按标记点的位置对位，起针和止点打倒针固定。缝合完成后劈缝进行熨烫，在有弧度位置可以打剪口使熨烫平整（视频6-21）。图6-41所示缝合后片面料背面，图6-42所示缝合后片面料正面，图6-43所示后片面料整熨完成图背面，图6-44所示后片面料整熨完成图正面。

图6-41 缝合后片面料背面

图6-42 缝合后片面料正面

图6-43 后片面料整熨完成图背面

图6-44 后片面料整熨完成图正面

14. 缝合后片后中心

面料正面和正面相对，后中心2cm缝缝进行缝合，需要对位点按标记点的位置对位，起针和止点打倒针固定。缝合完成后劈缝进行熨烫（视频6-22）。图6-45所示缝合后片后中心，图6-46所示后中心整熨完成图背面，图6-47所示后中心整熨完成图正面。

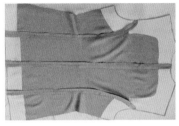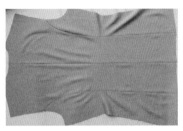

图6-45　缝合后片后中心　　　图6-46　后中心整熨完成图背面　　　图6-47　后中心整熨完成图正面

15. 缝合后片里料

里料正面和正面相对，1cm缝缝进行缝合，需要对位点按标记点的位置对位，起针和止点打倒针固定。缝合完成后倒缝并虚0.1cm进行熨烫（视频6-23）。图6-48所示后片里料整熨完成图。

图6-48　后片里料整熨完成图

16. 缝合里料后中心

里料正面和正面相对，凹字形缝缝进行缝合，需要对位点按标记点的位置对位，起针和止点打倒针固定。缝合完成后倒缝并虚0.1cm进行熨烫（视频6-24）。图6-49所示里料后片整熨完成图背面，图6-50所示里料后片整熨完成图正面。

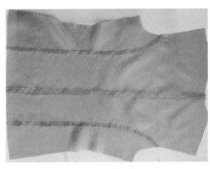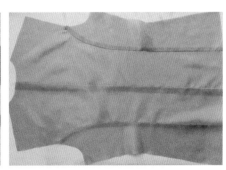

图6-49　里料后片整熨完成图背面　　　图6-50　里料后片整熨完成图正面

17. 缝合面料侧缝

面料正面和正面相对，1cm缝缝进行缝合，需要对位点按标记点的位置进行对位，起针和止点打倒针固定。侧缝缝合完成后劈缝进行熨烫（视频6-25）。图6-51所示侧缝缝合完成图正面，图6-52所示侧缝缝合完成图背面，图6-53所示侧缝整熨完成图背面，图6-54所示侧缝整熨完成图正面。

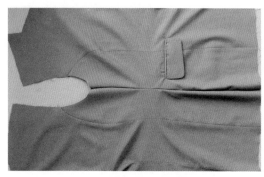

图6-51　侧缝缝合完成图正面

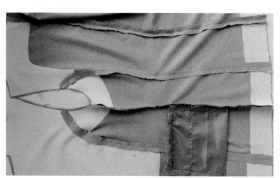

图6-52　侧缝缝合完成图背面

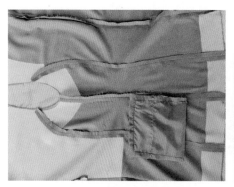

图6-53　侧缝整熨完成图背面

图6-54　侧缝整熨完成图正面

18. 缝合里料侧缝

里料正面和正面相对，1cm缝缝进行缝合，需要对位点按标记点的位置进行对位，起针和止点打倒针固定。侧缝缝合完成后倒缝进行熨烫（视频6-26）。图6-55所示缝合里料侧缝正面，图6-56所示里料侧缝整熨完成图背面，图6-57所示里料侧缝整熨完成图正面。

图6-55　缝合里料侧缝正面

图6-56　里料侧缝整熨完成图背面

图6-57　里料侧缝整熨完成图正面

19. 缝合面料肩缝

面料前后片正面和正面相对，1cm缝缝进行缝合，后片有一定吃势，起针和止点打倒针固定。肩缝劈缝进行熨烫（视频6-27）。图6-58所示缝合面料肩缝，图6-59所示面料肩缝整熨完成图背面，图6-60所示面料肩缝整熨完成图正面。

图6-58　缝合面料肩缝　　图6-59　面料肩缝整熨完成图背面　图6-60　面料肩缝整熨完成图正面

20. 缝合里料肩缝

里料前后片正面和正面相对，1cm缝缝进行缝合，后片有一定吃势，起针和止点打倒针固定（视频6-28）。肩缝倒缝进行熨烫。图6-61所示缝合里料肩缝，图6-62所示里料肩缝整熨完成图背面，图6-63所示里料肩缝整熨完成图正面。

图6-61　缝合里料肩缝　　图6-62　里料肩缝整熨完成图背面　图6-63　里料肩缝整熨完成正面

21. 缝合袖子外侧缝

大小袖面料正面和正面相对，1cm缝缝进行缝合，需要对位点按标记点的位置进行对位，在袖口部位按净缝线缝合，起针和止点打倒针固定牢固，缝缝在开衩部位倒缝，其余部分劈缝进行熨烫（视频6-29）。图6-64所示合袖子外侧缝背面，图6-65所示合袖子外侧缝正面，图6-66所示袖子外侧缝整熨完成图背面，图6-67所示袖子外侧缝整熨完成图正面。

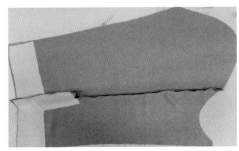 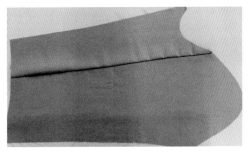

图6-64　合袖子外侧缝背面　　　　　图6-65　合袖子外侧缝正面

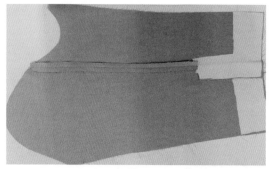

图6-66　袖子外侧缝整熨完成图背面　　　　图6-67　袖子外侧缝整熨完成图正面

22. 缝合袖子内侧缝

大小袖面料正面和正面相对，1cm缝缝进行缝合，需要对位点按标记点的位置进行对位，起针和止点打倒针固定牢固，缝缝劈缝进行熨烫（视频6-30）。图6-68所示袖子内侧缝缝合完成图背面，图6-69所示袖子内侧缝整熨完成图背面，图6-70所示袖子内侧缝整熨完成图正面。

图6-68　袖子内侧缝缝合完成图背面

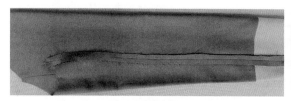

图6-69　袖子内侧缝整熨完成图背面　　　　图6-70　袖子内侧缝整熨完成图正面

23. 缝合袖里子内外侧缝

大小袖里料正面和正面相对，1cm缝缝进行缝合，需要对位点按标记点的位置进行对位，起针和止点打倒针固定牢固，缝缝倒缝进行熨烫（视频6-31）。图6-71所示袖里子缝合完成图，图6-72所示袖里子整熨完成图。

图6-71　袖里子缝合完成图　　　　　　　　图6-72　袖里子整熨完成图

24. 缝合袖口

面料在袖口位置折4cm进行熨烫，里料在袖口位置折2cm进行熨烫。熨烫完成后面料和里料正面与正面相对，袖口一圈1cm缝缝进行缝合，起针与止点重合1cm固定牢固（视频6-32）。图6-73所示袖口4cm缝缝熨烫，图6-74所示袖里子2cm缝缝熨烫，图6-75所示缝合袖口正面，图6-76所示缝合袖口背面。

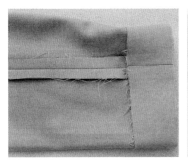
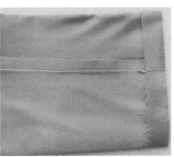
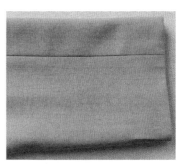

图6-73　袖口4cm缝缝熨烫　　　　图6-74　袖里子2cm缝缝熨烫　　　　图6-75　缝合袖口正面

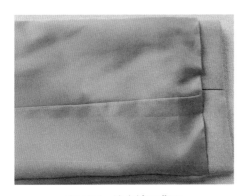

图6-76　缝合袖口背面

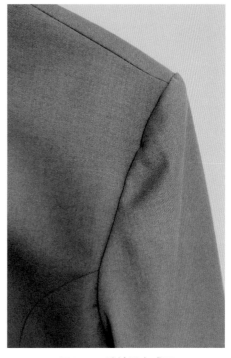

25. 绱袖子

袖子在大袖袖山部位抽袖包以保证袖子绱完圆顺饱满，衣身袖窿和袖子袖山正面和正面相对，1cm缝缝进行缝合，袖山顶点和肩缝点对位，腋下点和侧缝点对位，其他需要对位的点按照标记点的位置进行对位（视频6-33）。图6-77所示绱袖子完成图。

图6-77　绱袖子完成图

26. 绱袖里料

袖里料在大袖袖山部位抽袖包以保证袖里料绱完圆顺饱满，里料衣身袖窿和袖里料袖山正面和正面相对，1cm缝缝进行缝合，袖山顶点和肩缝点对位，腋下点和侧缝点对位，其他需要对位的点按照标记点的位置进行对位（视频6-34）。

27. 制作领子

领底正面和正面相对，1cm缝缝进行缝合，起针和止点打倒针固定，缝合完成后劈缝熨烫（视频6-35）。领底缝合完成后，领底和领面正面和正面相对，1cm缝缝缝合领角和领面弧线。缝合完成后缝缝向领底倒整熨，为防止领底反吐，压领底缝合0.1cm明线（视频6-36）。图6-78所示缝合领底，图6-79所示缝合领子，图6-80所示领子制作完成图正面，图6-81所示领子制作完成图背面。

图6-78　**缝合领底**

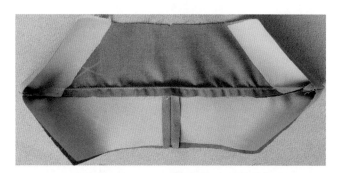

图6-79　**缝合领子**

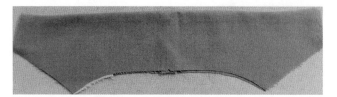

图6-80　**领子制作完成图正面**

图6-81　**领子制作完成图背面**

28. 绱领子

将领子按照标记点对位放置在面料和里料中间，领面和里料相对，领底和面料相对，

1cm缝缝在背面缝合里料、领子、面料三层，起针和止点打倒针固定。缝合完成后翻到正面进行熨烫（视频6-37）。图6-82所示绱领子完成图背面，图6-83所示绱领子完成图正面。

图6-82　绱领子完成图背面　　　　　　　　图6-83　绱领子完成图正面

29. 缝合下摆

下摆面料和贴边4cm缝缝进行缝合，缝合完成后留1cm缝缝其余剪掉（视频6-38）。下摆面料和里料1cm缝缝一圈缝合，需要对位点按标记点的位置对位，起针和止点打倒针固定。缝合完成后翻到正面进行熨烫（视频6-39）。图6-84所示缝合下摆，图6-85所示整熨下摆。

图6-84　缝合下摆　　　　　　　　　　图6-85　整熨下摆

30. 下摆、袖口缲三角针

为防止下摆和袖口缝缝变形外露，缲三角针一圈固定牢固（视频6-40）。图6-86所示下摆缲三角针，图6-87所示袖口一圈缲三角针。

图6-86　下摆缲三角针

31. 固定垫肩

将垫肩边缘位置与袖窿边缘对齐，用手针进行固定，在肩缝上也用手针固定，并保留一定的活动量（视频6-41）。图6-88所示固定垫肩。

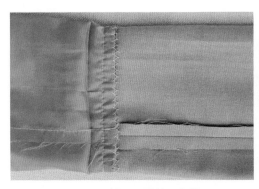
图6-87　袖口一圈缲三角针

图6-88　固定垫肩

32. 封袖里料

衣身所有操作完成后翻到正面，将袖里子的封口0.1cm缝缝封上（视频6-42）。

33. 成衣完成图（图6-89）

图6-89　女西服缝制完成图

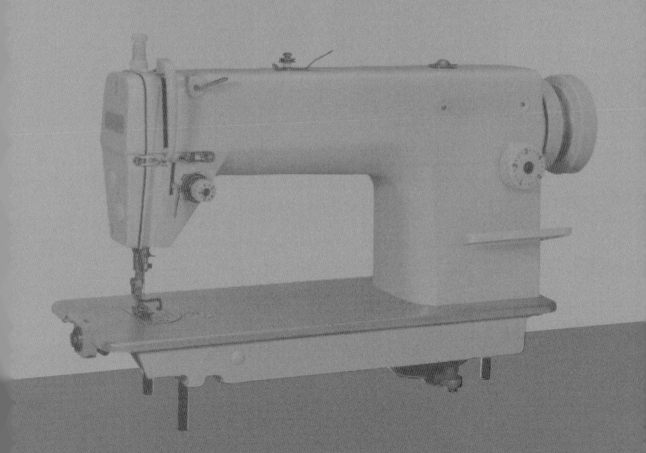

第七章

双面羊绒大衣制板与缝纫

第一节　双面羊绒大衣制板

一、款式特征描述（图7-1）

① 宽松型落肩袖大衣。

② 大翻领、一粒扣。

③ 前片两个贴兜。

④ 后片两片。

图7-1　双面羊绒大衣款式特征

二、号型尺寸

165/84A
单位：cm

部位	衣长L	胸围B	领围N	肩宽S	袖长SL	袖口	领座	领面
尺寸	85	114	40	42	58	15	3	4.5

三、制板过程

（一）前片及袖子制板（视频7-1、图7-2）

① 绘制基础线、上平线、下平线，基础线长Lcm，上平线、下平线与基础线垂直。

② 绘制腰节线，距离上平线距离为号/4cm。

③ 绘制袖窿深线，距离上平线距离为$B/6 + 8$cm。

④ 绘制侧缝辅助线，距离前中心线距离为$B/4$cm。

⑤ 绘制前领口辅助线，前领口深$N/5 + 1$cm、前领口宽$N/5$cm。

⑥ 绘制前肩斜线，角度5：2，长度$S/2$cm。

⑦ 绘制袖中线，从肩点测量长度为袖长。

⑧ 绘制落肩袖的落山辅助线，垂直于袖中线。

⑨ 绘制袖口线，袖口宽为袖口 − 0.5cm。

⑩ 绘制袖山弧线，过肩点和落山点画弧线。

⑪ 绘制袖子侧缝线，连接落山点和袖口点。

⑫ 绘制衣身袖窿弧线，过肩点和落山点画弧线。

⑬ 绘制搭门宽，2.5cm。

⑭ 找翻驳基点，2/3领座宽。

⑮ 绘制翻驳线，连接翻驳基点和第一粒扣位点。

⑯ 绘制串口线，连接领深中点和前领口点。

⑰ 绘制翻领线，驳头宽8.5cm。

⑱ 修正下摆线，前中心点下落2.5cm。

⑲ 修正侧缝线，臀围线外延2.5cm。

⑳ 绘制兜位置，兜宽17cm、长20cm。

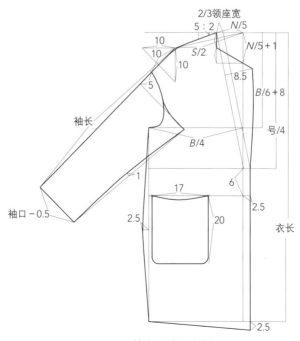

图7-2　**前片及袖子制板**

（二）后片及袖子制板（视频7-2、图7-3）

① 绘制后片横向基础线，延长前片上平线、下平线、腰节线、袖窿深线。

② 绘制后中心线，垂直于上平线，一直绘制到下平线。

③ 绘制侧缝辅助线，距后中心线B/4cm。

④ 绘制后领口辅助线，后领口深3cm、后领口宽N/5cm。

⑤ 绘制后领口弧线，过侧颈点和后中心点画弧线。

⑥ 绘制后肩斜线，角度5.5：2，长度S/2cm。

⑦ 绘制袖中线，从肩点测量长度为袖长。

⑧ 绘制落肩袖的落山辅助线，垂直于袖中线。

⑨ 绘制袖口线，袖口宽为袖口 + 0.5cm。

⑩ 绘制袖山弧线，过肩点和后落山点。

⑪ 绘制袖子侧缝线，连接落山点和袖口点。

⑫ 绘制衣身袖窿弧线，过肩点和侧缝点。

⑬ 修正后中心线，在腰节线收1cm。

⑭ 修正侧缝线，臀围线外延2.5cm。

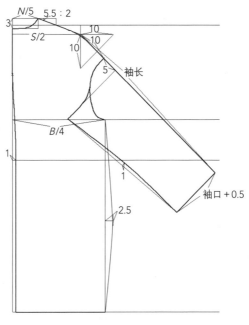

图7-3　后片及袖子制板

（三）领子制板（视频7-3、图7-4）

① 绘制领底辅助线。

② 绘制后领中心线，取领座宽点3cm，领面宽点4.5cm。

③ 绘制领角。

④ 绘制领面弧线。

⑤ 绘制领底弧线。

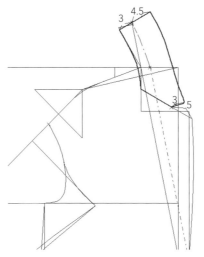

图7-4　领子制板

（四）双面羊绒大衣结构完成图（图7-5）

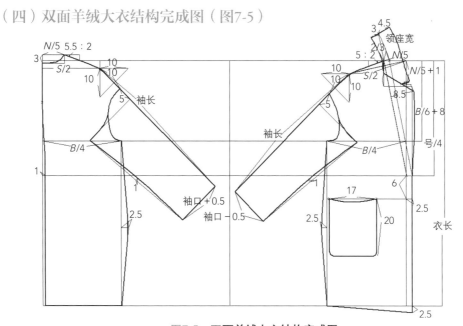

图7-5　双面羊绒大衣结构完成图

第二节 双面羊绒大衣放缝与排料

一、双面羊绒大衣净板（图7-6）

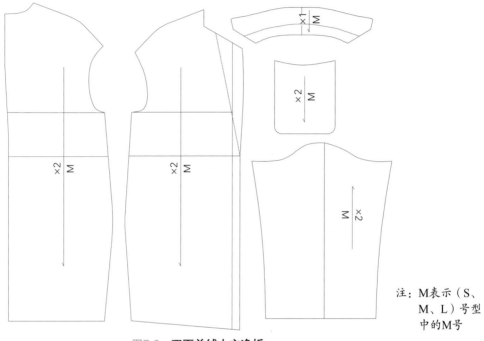

注：M表示（S、M、L）号型中的M号

图7-6　双面羊绒大衣净板

二、双面羊绒大衣放缝图（图7-7）

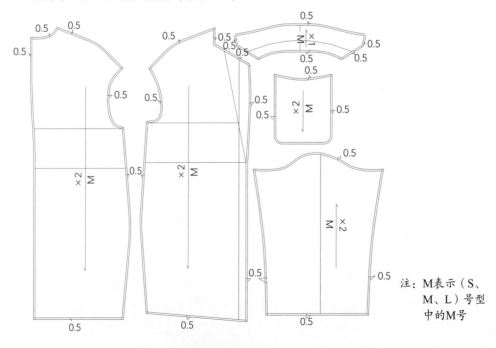

注：M表示（S、M、L）号型中的M号

图7-7　双面羊绒大衣毛板

三、双面羊绒大衣排料图

羊绒面料的毛有倒向，排料时应注意顺毛倒向排料。不可随意调换方向。图7-8所示双面羊绒大衣排料图。

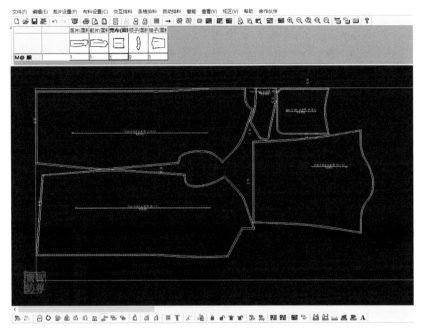

图7-8 **双面羊绒大衣排料图**

第三节　双面羊绒大衣缝制工艺流程

双面羊绒大衣缝制工艺流程如图7-9所示。

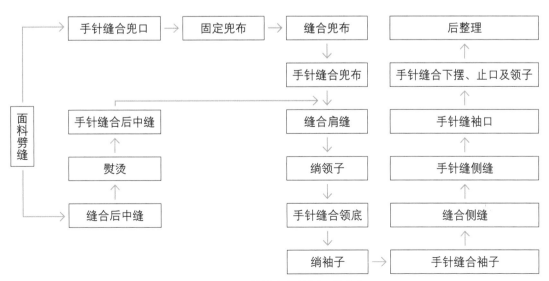

图7-9 **双面羊绒大衣缝制工艺流程**

第四节　双面羊绒大衣缝纫方法与步骤

1. 面料裁剪

双面羊绒大衣面料裁剪完成图如图7-10所示，前片2片、后片2片、袖子2片、兜布2片、领子1片。

2. 缝面料劈缝辅助线

由于双面羊绒没有里料，在缝合时需要把两层劈缝分开，为使缝缝劈缝均匀，劈缝前在面料上大针码距边1.3cm压一条辅助线。左后片在下摆、侧缝、后中心和肩缝缝合辅助线，右后片在下摆、侧缝和肩缝缝合辅助线，前片在前止口和下摆缝合辅助线，领子一圈缝合辅助线，兜布一圈缝合辅助线（视频7-4～视频7-7）。图7-11所示后片劈缝辅助线，图7-12所示前片劈缝辅助线，图7-13所示袖子劈缝辅助线，图7-14所示领子和兜布劈缝辅助线。

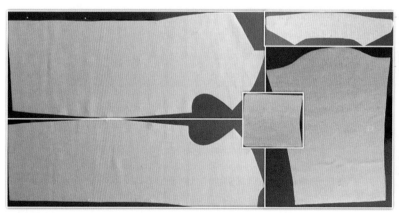

图7-10　面料裁剪完成图

图7-11　后片劈缝辅助线

图7-12　前片劈缝辅助线

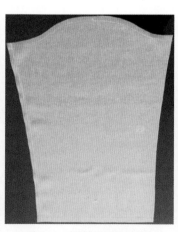

图7-13　袖子劈缝辅助线

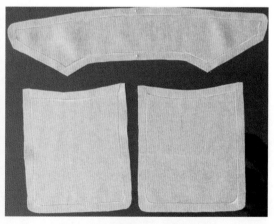

图7-14　领子和兜布劈缝辅助线

3. 面料劈缝

沿着劈缝辅助线将需要劈缝的边劈开，注意劈缝时不要将面料拉抻变形（视频7-8）。图7-15所示前片劈缝完成图，图7-16所示后片劈缝完成图，图7-17所示袖子劈缝完成图，图7-18所示领子劈缝完成图，图7-19所示兜布劈缝完成图。

4. 整熨粘嵌条

劈缝完成后前片在前止口和下摆处粘嵌条，后片在下摆处粘嵌条，袖子在袖口处粘嵌条，领子在领角和领面弧线处粘嵌条，兜布在兜口处粘嵌条（视频7-9～视频7-13）。

 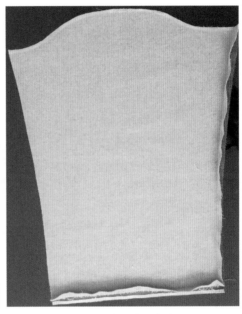

图7-15　前片劈缝　图7-16　后片劈缝　　图7-17　袖子劈缝完成图
　　　　完成图　　　　　　完成图

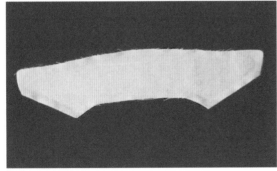 

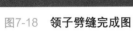

图7-18　领子劈缝完成图　　　　图7-19　兜布劈缝完成图

5. 手针缝合兜口

兜口缝缝扣折0.5cm用手针进行缝合，针距0.3cm，兜口两端各留1.2cm不缝合，起针和止点打结固定牢固（视频7-14）。图7-20所示手针缝合兜口完成图。

6. 固定兜布

在衣身上按照兜口线钉位置画出标记线，将兜布按照兜口位置进行摆放，并用手针大针码进行固定。图7-21所示手针固定兜布到兜口位置。

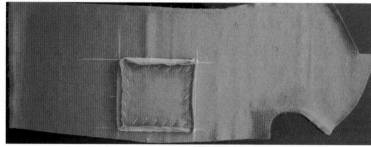

图7-20　手针缝合兜口完成图　　　　　　图7-21　手针固定兜布到兜口位置

7. 缝合兜布

从兜口点起针0.5cm缝缝缝合兜布到面料上，一直缝合到兜口另一端，起针和止点打倒针固定牢固（视频7-15）。注意缝合时兜布只缝合底层面料，上层面料不缝合。缝合完成后整熨兜布（视频7-16），图7-22所示缝合兜布。

8. 手针缝合兜布

兜布底层缝合完成后将底层面料翻折熨烫，将上层面料折0.5cm缝缝用手针一圈进行缝合，缝合时要盖住下层兜布面料（视频7-17）。图7-23所示手针缝合兜布完成图。

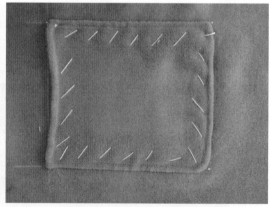

图7-22　缝合兜布　　　　　　　　　　图7-23　手针缝合兜布完成图

9. 缝合后中缝

后片面料正面和正面相对进行缝合，起针1.2cm只缝合上面两层面料并打倒针固定，之后按劈开缝缝0.5cm进行缝合，一直到距止点1.2cm打倒针固定，在止点1.2cm只缝合上面两层面料并打倒针固定（视频7-18）。缝合完成后进行整熨（视频7-19）。图7-24所示缝合后中缝。

10. 手针缝合后中缝

后中缝缝合完成后整熨平整，将里层面料0.5cm缝缝翻折用手针进行缝合，针距0.3cm，起针与止点打结固定（视频7-20）。图7-25所示手针缝合后中缝完成图。

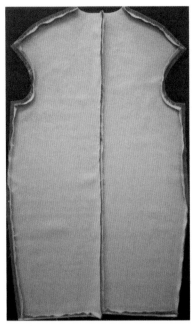 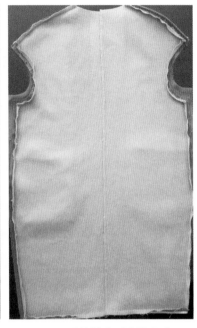

图7-24　**缝合后中缝**　　　　图7-25　**手针缝合后中缝完成图**

11. 缝合肩缝

前后片面料正面和正面相对进行缝合，起针1.2cm只缝合上面两层面料并打倒针固定，之后按劈开缝缝0.5cm进行缝合，一直到距止点1.2cm打倒针固定，在止点1.2cm只缝合上面两层面料并打倒针固定（视频7-21）。图7-26所示缝合肩缝。

12. 手针缝合肩缝

肩缝缝合完成后整熨平整，将里层面料0.5cm缝缝翻折用手针进行缝合，针距0.3cm，起针与止点打结固定（视频7-22）。图7-27所示手针缝合肩缝完成图。

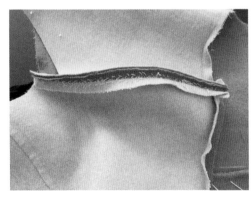 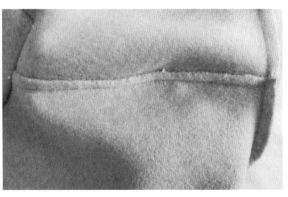

图7-26　**缝合肩缝**　　　　　图7-27　**手针缝合肩缝完成图**

13. 绱领子

衣身面料和领子面料背面和背面相对进行缝合，领角起针和止点位置各留1.2cm不缝合，之后按劈开缝缝0.5cm进行缝合，起针和止点打倒针固定（视频7-23）。图7-28所示绱领子。

14. 手针缝合领底

领底缝合完成后整熨平整，将上层面料0.5cm缝缝翻折用手针进行缝合，针距0.3cm，起针与止点打结固定（视频7-24）。图7-29所示手针缝合领底完成图。

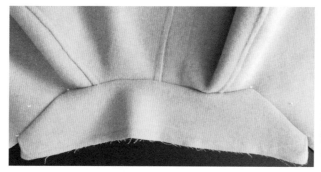

图7-28　绱领子

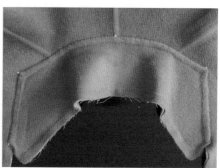

图7-29　手针缝合领底完成图

15. 绱袖子

衣身面料和袖子面料正面和正面相对进行缝合，起针1.2cm只缝合上面两层面料并打倒针固定，之后按劈开缝缝0.5cm进行缝合，一直到距止点1.2cm打倒针固定，在止点1.2cm只缝合上面两层面料并打倒针固定（视频7-25）。图7-30所示绱袖子。

16. 手针缝合袖子

袖子缝合完成后整熨平整，将里层面料0.5cm缝缝翻折用手针进行缝合，针距0.3cm，起针与止点打结固定（视频7-26）。图7-31所示手针缝合袖子完成图。

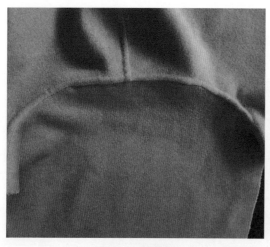

图7-30　绱袖子

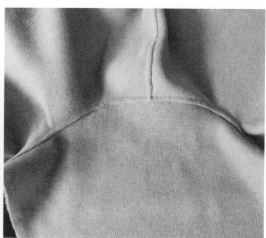

图7-31　手针缝合袖子完成图

17. 缝合衣身及袖子侧缝

衣身面料正面和正面相对进行缝合，起针1.2cm只缝合上面两层面料并打倒针固定，之后按劈开缝缝0.5cm进行缝合，一直到距止点1.2cm打倒针固定，在止点1.2cm只缝合上面两层面料并打倒针固定（视频7-27）。图7-32所示缝合衣身及袖子侧缝。

18. 手针缝合衣身及袖子侧缝

侧缝缝合完成后整熨平整，将里层面料0.5cm缝缝翻折用手针进行缝合，针距0.3cm，起针与止点打结固定（视频7-28、视频7-29）。图7-33所示手针缝合衣身及袖子侧缝。

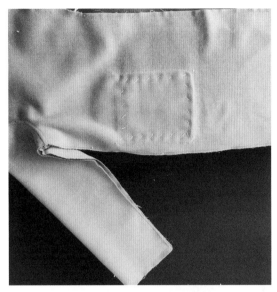

图7-32　缝合衣身及袖子侧缝

19. 手针缝合袖口

袖子侧缝缝合完成后整熨平整，将袖口面料层和里层面料0.5cm缝缝翻折用手针进行缝合，针距0.3cm，起针与止点打结固定（视频7-30）。图7-34所示手针缝合袖口。

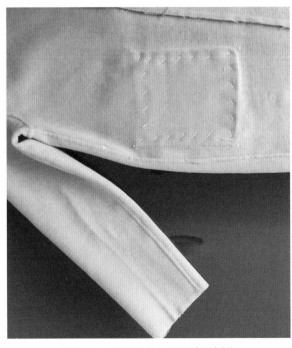

图7-33　手针缝合衣身及袖子侧缝

图7-34　手针缝合袖口

20. 手针缝合下摆、止口及领子

下摆、止口、领子将面料层和里层面料0.5cm缝缝翻折用手针进行缝合，针距0.3cm，起针与止点打结固定（视频7-31～视频7-34）。

21. 大衣缝制完成图（图7-35，图7-36）

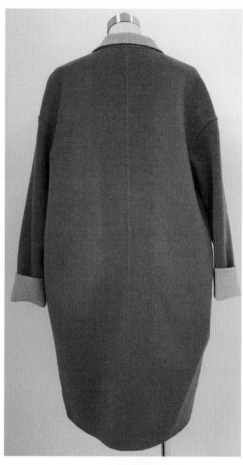

图7-35　**大衣缝制完成图正面**　　图7-36　**大衣缝制完成图背面**

第八章

旗袍制板与缝纫

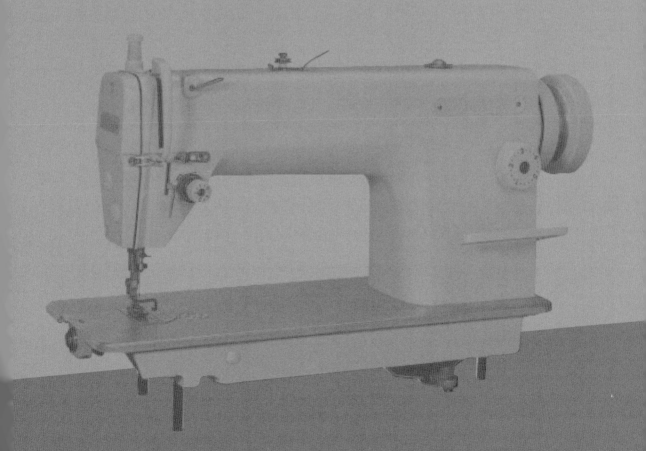

第一节　旗袍制板

一、款式特征描述（图8-1）

① 短袖，立领。

② 前片两个腰省，后片两个腰省。

③ 后中心绱拉链。

④ 胸围加放4cm放松量，腰围加放2cm放松量，臀围加放4cm放松量。

⑤ 合体结构。

图8-1　旗袍款式特征

二、规格尺寸

165/84A

单位：cm

制图部位	衣长L	胸围B	腰围W	臀围H	肩宽S	袖长SL	领围N	领宽
尺寸	100	84＋4	66＋2	88＋4	38	10	38	3.5

三、制板过程

（一）衣身前片制板（视频8-1、图8-2）

① 绘制基础线、上平线、下平线，基础线长为 Lcm，上平线、下平线与基础线

垂直。

②绘制腰节线，号/4 + 1cm。

③绘制臀围线，腰节线向下18cm。

④绘制前领口辅助线，前领口宽$N/5 - 0.5$cm，前领口深$N/5 + 1$cm。

⑤绘制前肩斜线，角度5.5：2。

⑥找肩宽点，前肩宽$S/2$cm。

⑦绘制前胸宽线，肩点进2cm。

⑧绘制前袖窿深线，$B/5 + 1$cm。

⑨绘制前胸围线，$B/4$cm。

⑩绘制前领口弧线，从侧颈点开始画弧线到前中点，弧线要画圆顺，在前中心点与领口深线相切。

⑪绘制前袖窿弧线，过肩点、胸宽线1/3等分点到侧缝点用弧线圆顺连接。

⑫找腰围点，$W/4 + 2.5$cm。

⑬绘制侧缝省，省大2cm。

⑭绘制臀围宽线，$H/4$cm。

⑮绘制侧缝弧线，过腰围点、臀围点。

⑯修正下摆圆角，将下摆修整为圆弧造型。

⑰绘制腰省，省大2.5cm。

⑱绘制左右片分割线，过前中心点，在右侧缝腋下点向下3cm。

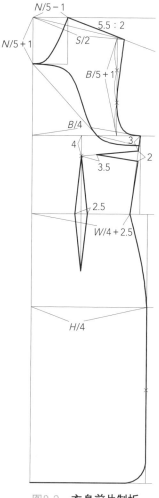

图8-2 **衣身前片制板**

（二）衣身后片制板（视频8-2、图8-3）

①绘制后片线，延长前片上平线、下平线、腰节线、臀围线。

②绘制后袖窿深线，前袖窿深线下落2cm。

③绘制后片基础线，垂直上平线，一直绘制到下平线。

④绘制后领口辅助线，后领口宽$N/5 - 1$cm，后领口深2cm。

⑤绘制后肩斜线，角度6：2。

⑥找后肩宽点，距后中心点距离为$S/2$cm。

⑦绘制后背宽线，肩点进1.5cm。

⑧绘制后胸围线，距后中心线距离为$B/4$cm。

⑨绘制后领口弧线，从侧颈点到后中心点画弧线，在后中心点与领口深线相切。

⑩ 绘制后袖窿弧线，过肩点、背宽线1/3等分点到侧缝点用弧线圆顺连接。

⑪ 绘制后臀宽线，距后中心点距离为$H/4$cm。

⑫ 找腰围点，在腰节线上距后中心点$W/4+2.5$cm。

⑬ 绘制侧缝弧线，过袖窿深点、腰节点、臀围宽点。

⑭ 修正下摆圆角，将下摆修整成圆角造型。

⑮ 绘制腰省，省大2.5cm。

（三）袖子制板（视频8-3、图8-4）

① 绘制袖子落山线、袖中线，落山线和袖中线垂直。

② 找袖山高点，从落山线和袖中线交点向上在袖中线上量取长度$AH/4+3$cm。

③ 绘制前后袖斜线，前袖斜线为$QAH/2$cm，后袖斜线为$HAH/2$cm。

④ 绘制袖山弧线，过前后落山点和袖山弧线控制点画袖山弧线。

⑤ 绘制袖口辅助线，从袖山顶点向下量取袖长10cm。

⑥ 修正袖口弧线，袖中线向回收1cm。

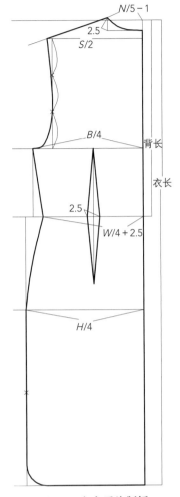

图8-3　衣身后片制板

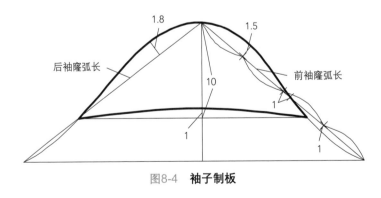

图8-4　袖子制板

（四）领子制板（视频8-4、图8-5）

① 绘制领子辅助线一，绘制长为$N/2$cm、宽3.5cm的矩形。

② 绘制领子辅助线二，将领底辅助线三等分，垂直于领底辅助线画垂线。

③ 找领子起翘点，2cm。

④ 绘制领起翘辅助线，连接2cm起翘点和领底1/3等分点。

⑤ 找领角点，垂直起翘辅助线长3cm。

⑥ 绘制领角辅助线，连接3cm点和领面1/3等分点。

⑦ 绘制领底弧线、领面弧线，用弧线将领底和领面修顺。

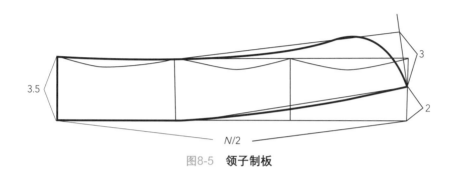

图8-5　**领子制板**

（五）旗袍绘制完成图（图8-6）

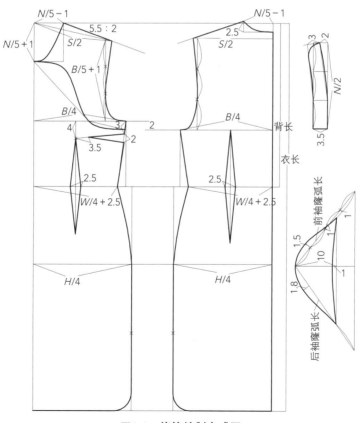

图8-6　**旗袍绘制完成图**

第二节 旗袍放缝与排料

一、旗袍净板

旗袍净板完成图如图8-7所示，包含后片、前片、领子、袖子。

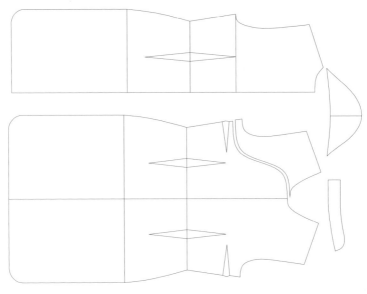

图8-7 旗袍样片净板

二、旗袍毛板（图8-8）

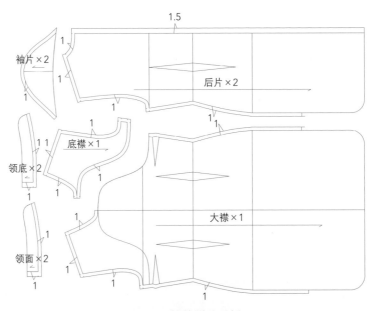

图8-8 旗袍样片毛板

三、旗袍排料图

旗袍排料图如图8-9所示，以面料幅宽150cm为例单层进行排料。

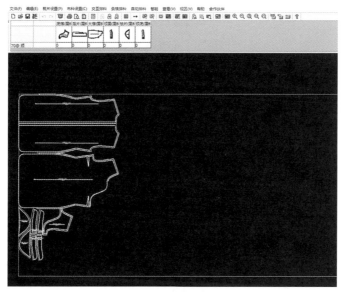

图8-9　**旗袍排料图**

第三节　　旗袍缝制工艺流程

旗袍缝制工艺流程如图8-10所示。

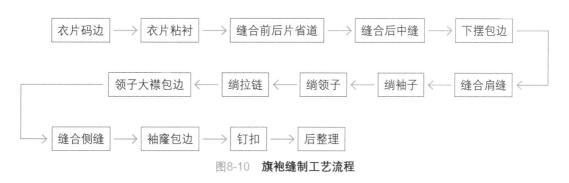

图8-10　**旗袍缝制工艺流程**

第四节　　旗袍缝纫方法与步骤

一、样片准备

1.面料裁剪

旗袍裁剪完成图如图8-11所示，包含左前片、右前片、后片、领子、袖子。

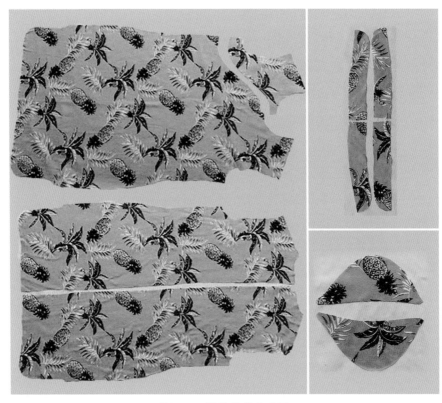

图8-11　旗袍裁剪完成图

2. 粘衬

领子、后中心粘衬。如图8-12所示领子粘衬，图8-13所示后中心绱拉链位置粘衬。

图8-12　领子粘衬　　　　　图8-13　后中心绱拉链位置粘衬

二、方法与步骤

1. 缝合后片腰省

从一侧省尖点沿省道线开始缝合，一直到另一侧省尖点，省尖点不打倒针，打结固定（视频8-5）。如图8-14所示省道位置打线钉，如图8-15所示标记省道线，如图8-16所示缝合腰省，如图8-17所示熨烫腰省。

图8-14 省道位置打线钉

图8-15 标记省道线

图8-16 缝合腰省

图8-17 熨烫腰省

2. 缝合前片腰省、侧缝省

前片腰省缝合时从一侧省尖点沿省道线开始缝合，一直到另一侧省尖点，省尖点不打倒针，打结固定。侧缝省缝合时在侧缝位置按剪口位置对位进行缝合，起针打倒针固定，一直缝合到省尖点，省尖点不打倒针，打结固定（视频8-6）。图8-18所示侧缝省位置打剪口，图8-19所示缝合前片腰省、侧缝省，图8-20所示整熨前片省道。

图8-18　侧缝省位置打剪口　　　图8-19　缝合前片腰省、侧缝省　　　图8-20　整熨前片省道

3. 缝合后中缝

从拉链止点开始打倒针固定牢固，1.5cm缝缝一直缝合到下摆并打倒针固定牢固（视频8-7）。图8-21所示缝合后中缝。

4. 下摆包边

将熨烫好的包边条沿下摆从一侧开衩位置到另一侧开衩位置0.5cm缝缝进行缝合（视频8-8、视频8-9）。图8-22所示缝合包边条，图8-23所示翻折缝合包边条。

5. 缝合肩缝

前后片肩缝正面和正面相对1cm缝缝进行缝合，两端打倒针固定牢固（视频8-10）。图8-24所示缝合肩缝。

图8-21　缝合后中缝　　　　　　　　图8-22　缝合包边条

图8-23　翻折缝合包边条

图8-24　缝合肩缝

6. 绱袖子

衣身和袖子面料正面和正面相对，按对位点1cm缝缝进行缝合，两端打倒针固定牢固。图8-25所示绱袖子背面，图8-26所示绱袖子正面。

图8-25　绱袖子背面

图8-26　绱袖子正面

7. 绱领子

领面领底夹镶衣身，三层一起1cm缝缝进行缝合，领底后中心留2cm不缝合，两端打倒针固定牢固（视频8-11）。图8-27所示绱领子，图8-28所示领底2cm不缝合。

图8-27　绱领子

图8-28　领底2cm不缝合

8. 整熨领子

领面和领底相对，整熨平整。图8-29所示整熨领子。

9. 绱拉链

在拉链和衣身标记对位点，按照对位点的位置进行拉链缝合，起针和止点打倒针固定（视频8-12～视频8-14）。图8-30所示绱拉链，图8-31所示绱拉链完成图。

10. 领子大襟包边

将熨烫好的包边条沿领子0.5cm缝缝进行缝合，缝合完成后翻折熨烫，沿包边条压0.1cm明线（视频8-15～视频8-17）。图8-32所示领子包边，图8-33所示领子大襟包边，图8-34所示领子大襟包边完成图。

图8-29　整熨领子

图8-30　绱拉链

图8-31　绱拉链完成图

图8-32　领子包边

图8-33　领子大襟包边

图8-34　领子大襟包边完成图

11. 整熨领子大襟

将绱完包边条的领子大襟进行熨烫整理，图8-35所示整熨领子大襟。

12. 缝合大襟和底襟

将大襟和底襟按对位点摆放好并用手针固定，沿包边条0.1cm进行缝合（视频8-18）。图8-36所示固定大襟和底襟。

图8-35　整熨领子大襟

图8-36　固定大襟和底襟

13. 缝合侧缝

将面料前后片正面和正面相对，1cm缝缝从腋下点开始缝合，缝合到开衩位置，两端打倒针固定牢固，劈缝熨烫平整（视频8-19）。图8-37所示缝合侧缝。

图8-37　缝合侧缝

14. 袖窿包边

将熨烫好的包边条沿袖窿一圈0.5cm缝缝进行缝合，翻折熨烫包边条并沿包边条0.1cm进行缝合（视频8-20、视频8-21）。图8-38所示袖窿包边，图8-39所示半成品完成图。

15. 钉扣及后整理

按照扣位缝合扣子，缝合时针距间隔0.2cm，要均匀进行缝合（视频8-22）。图8-40所示扣子制作完成图，图8-41所示钉扣。最后用手针对拉链和后中缝进行整理即可（视频8-23）。

图8-38　袖窿包边

图8-39　半成品完成图

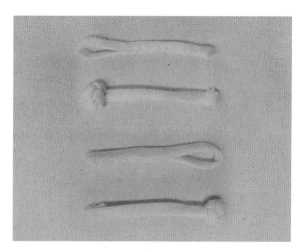

图8-40　扣子制作完成图

图8-41　钉扣

16. 旗袍完成图（图8-42、图8-43）

图8-42　旗袍完成图正面　　　　　图8-43　旗袍完成图背面

▶ 参考文献

【1】 何歆，张灵霞. 图解女装制板与缝纫入门
【M】. 北京：化学工业出版社，2020.

【2】 张灵霞. 服装CAD制版与推码技术【M】. 北
京：化学工业出版社，2018.

【3】 牛海波. 服装裁剪与缝纫入门【M】. 北京：
机械工业出版社，2013.

【4】 于丽娟. 裙装设计·制版·工艺【M】. 北
京：高等教育出版社，2017.

【5】 张明德. 服装缝制工艺【M】. 北京：高等教
育出版社，2005.

【6】 白嘉良，王雪梅. 服装工业制版【M】. 北
京：清华大学出版社，2009.